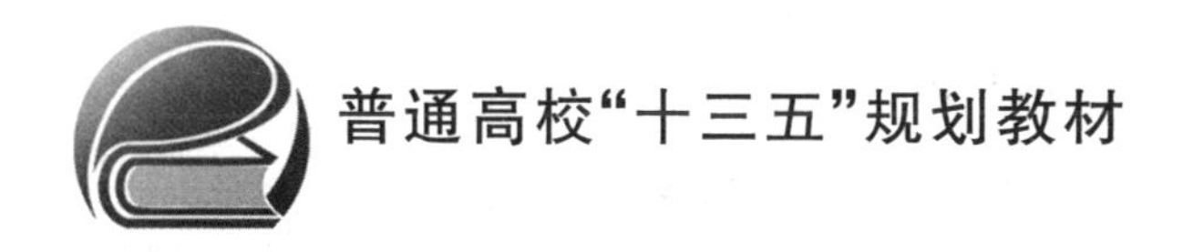

数字电子技术实验

孙志雄　雷　红　龙顺宇　郝　昕　编著

北京航空航天大学出版社

内 容 简 介

本书根据应用型本科数字电子技术实验教学大纲的要求，并结合高等院校理工科学生的技能培养实际情况，在多年实验教学实践的基础上进行编写。实验安排符合数字电子技术理论课教学的基本要求。实验内容安排遵循由浅入深、循序渐进的规律，包含基础性实验、综合性实验、设计性实验和创新性实验四个部分，同时还介绍了电子电路仿真软件 Multisim、电子设计自动化软件 Quartus II 及硬件描述语言 VHDL 应用于数字系统设计的方法。本书既考虑了数字电子技术的发展趋势及应用，也注重学生思维能力、动手能力和创新能力的培养。

本书可作为高等院校电子类、通信信息类、计算机类、物理类等专业数字电子技术实验和数字电子技术课程设计的教材，也可作为从事数字电子技术方面研究的广大工程技术人员的参考书。

图书在版编目(CIP)数据

数字电子技术实验 / 孙志雄等编著. -- 北京 : 北京航空航天大学出版社, 2019.3

ISBN 978-7-5124-2963-5

Ⅰ. ①数… Ⅱ. ①孙… Ⅲ. ①数字电路—电子技术—实验—高等学校—教材 Ⅳ. ①TN79-33

中国版本图书馆 CIP 数据核字(2019)第 051890 号

数字电子技术实验

孙志雄　雷　红　龙顺宇　郝　昕　编著

责任编辑　王　瑛　曹春耀

*

北京航空航天大学出版社出版发行

北京市海淀区学院路 37 号(邮编 100191)　http://www.buaapress.com.cn

发行部电话：(010)82317024　传真：(010)82328026

读者信箱：emsbook@buaacm.com.cn　邮购电话：(010)82316936

涿州市新华印刷有限公司印装　各地书店经销

*

开本：710×1 000　1/16　印张：9　字数：192 千字

2019 年 4 月第 1 版　2019 年 4 月第 1 次印刷　印数：3 000 册

ISBN 978-7-5124-2963-5　定价：29.00 元

若本书有倒页、脱页、缺页等印装质量问题，请与本社发行部联系调换。联系电话：(010)82317024

前言

数字电子技术是一门实践性很强的技术基础课，教学中除了讲授基本理论、基本知识以外，还必须加强数字电子技术实验环节，它对巩固学生的理论知识、提高学生的实验技能、培养学生的综合应用能力和创新逻辑思维，都起到至关重要的作用。

本书是作者多年从事数字电子技术实验教学实践的总结。实验安排符合数字电子技术理论教学的基本要求，实验内容遵循由浅入深、循序渐进的规律，包含基础性实验、综合性实验、设计性实验和创新性实验四个部分，实验过程注重学生思维能力、动手能力和创新能力的培养。

本书共 4 章，第 1 章为基础性实验，包含门电路逻辑功能测试、组合逻辑电路及时序逻辑电路设计、555 时基电路等基础实验。

第 2 章为综合性实验，包含 D/A 、A/D 转换器及其应用，组合逻辑电路和时序逻辑电路的综合应用。

第 3 章为设计性实验，主要体现数字电子技术课程设计的要求，包含数字电子钟的设计、数字频率计的设计等常用数字系统的设计。

第 4 章为创新性实验，主要体现现代电子设计自动化（EDA）技术的设计理念，包含 Quartus II 软件介绍及原理图设计方法、硬件描述语言 VHDL 设计数字电路的方法。

本书为海南热带海洋学院 2018 年校级教材基金项目的研究成果（课题编号：RHYJC2018－08）。本书由孙志雄主编，并对全书进行整理和统稿。第 1 章由雷红编写，第 2 章由郝昕编写，第 3 章由龙顺宇编写，第 4 章由孙志雄编写。本书在编写的过程中，参考了许多学者和专家的著作及研究成果，在此谨向他们表示诚挚的谢意。

由于本书作者水平有限，书中难免存在错漏和不足之处，敬请读者批评指正。

编　者

2019 年 1 月

目　录

第1章

基础性实验

实验一

TTL 集成逻辑门的逻辑功能与参数测试

一、实验目的

1. 掌握 TTL 集成与非门的逻辑功能。
2. 熟悉 TTL 集成与非门主要参数的测试方法。
3. 熟悉数字电路实验装置的基本功能和使用方法。

二、实验原理

TTL 集成电路中采用双极型三极管作为开关器件，TTL 电路中的与逻辑关系是利用三极管的多发射极结构实现的。本实验采用四输入双与非门 74LS20 芯片。与非门的逻辑功能是，当输入端中有一个或者一个以上是低电平时，输出端为高电平；只有当输入端全部为高电平时，输出端才是低电平。

三、实验设备与器件

1. 数字电路实验箱。
2. 数字万用表。
3. 集成电路芯片 74LS20D。

四、实验内容

1. 验证 TTL 集成与非门的逻辑功能

按图 1-1 接线。与非门的四个输入端接逻辑输入插口，与非门的输出端接由 LED 发光二极管组成的逻辑电平显示器的显示插口。按表 1-1 的真值表逐个测试集成块中两个与非门的逻辑功能。

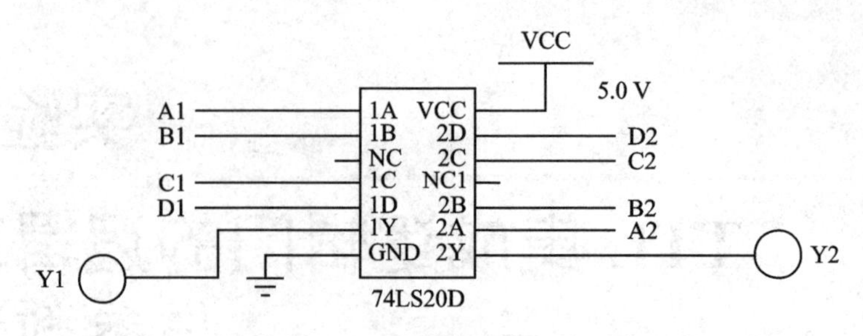

图 1-1　与非门逻辑功能测试电路图

表 1-1　与非门测试真值表

输　入				输　出	
An	Bn	Cn	Dn	Y1	Y2
0	1	1	1		
0	0	1	1		
1	0	0	0		
1	1	0	1		
1	1	1	1		

2. 74LS20 主要参数的测试

(1) 低电平输出电源电流 I_{CCL} 和高电平输出电源电流 I_{CCH}

与非门处于不同的工作状态,电源提供的电流是不同的。I_{CCL} 是指当所有输入端悬空、输出端空载时,电源提供器件的电流。I_{CCH} 是指当所有输出端空载,每个门各有一个以上的输入端接地,其余输入端悬空时,电源提供给器件的电流。I_{CCL} 和 I_{CCH} 测试电路如图 1-2(a)、图 1-2(b)所示。

(2) 低电平输入电流 I_{IL} 和高电平输入电流 I_{IH}

I_{IL} 是指当被测输入端接地,其余输入端悬空,输出端空载时,由被测输入端流出的电流。I_{IH} 是指当被测输入端接高电平,其余输入端接地,输出端空载时,流入被测输入端的电流。由于 I_{IH} 较小,难以测量,一般免于测试。I_{IL} 的测试电路如图 1-2(c)所示。

分别按图 1-2 接线并进行测试,将测试结果记入表 1-2 中。

表 1-2　静态参数测试表

I_{CCL}/mA	I_{CCH}/mA	I_{IL}/mA

(3) 电压传输特性

门的输出电压 V_O 随输入电压 V_I 而变化的曲线 $V_O=f(V_I)$ 称为门的电压传输

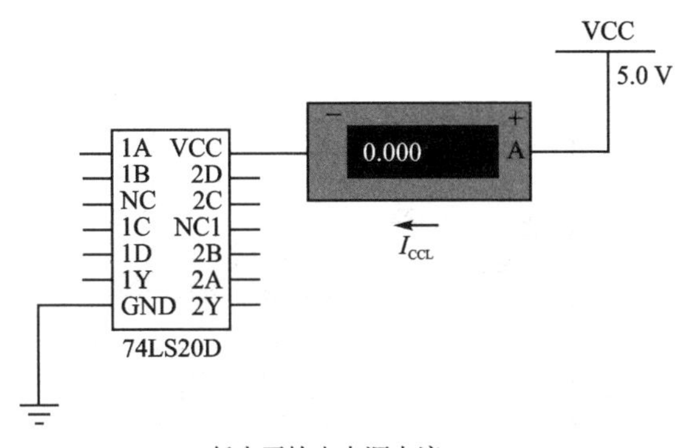

(a) 低电平输出电源电流I_{CCL}

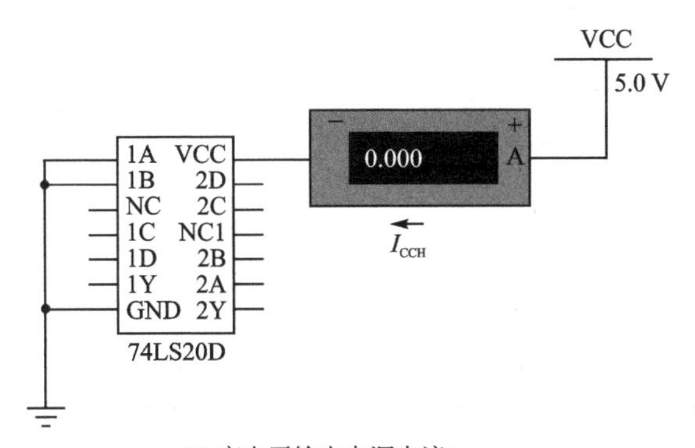

(b) 高电平输出电源电流I_{CCH}

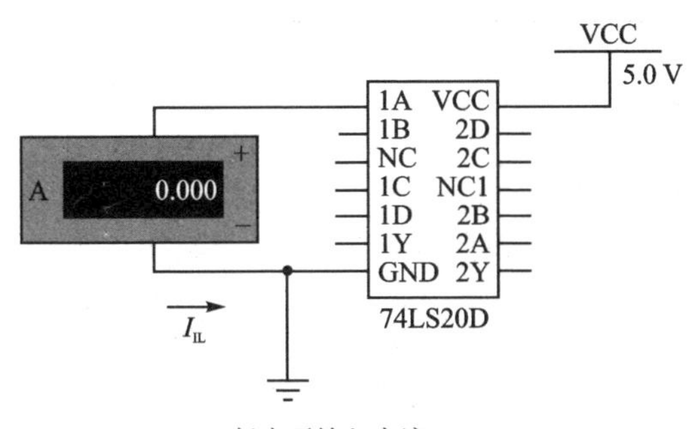

(c) 低电平输入电流I_{IL}

图 1-2　与非门主要参数测试电路

特性，测试电路如图 1-3 所示，采用逐点测试法，即调节 R_W，逐点测得 V_I 及 V_O，然后绘成曲线。

按图 1-3 接线，调节电位器 R_W，使 V_I 从 0 V 向高电平变化，逐点测量 V_I 和 V_O 的对应值，记入表 1-3 中。

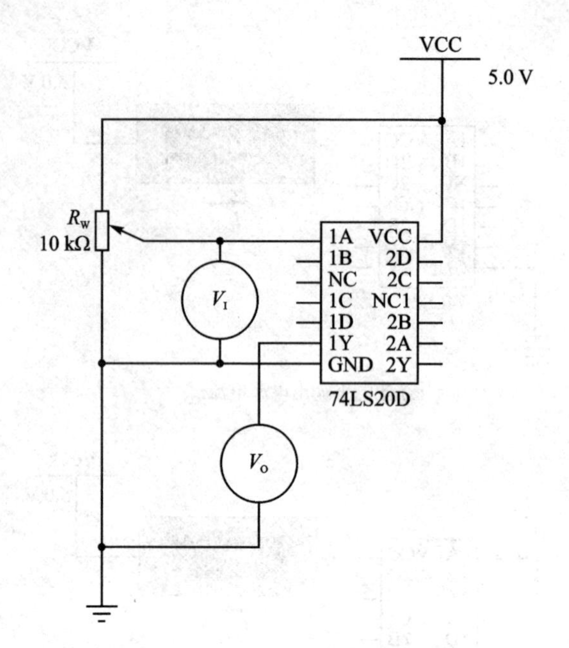

图 1-3　电压传输特性测试电路

表 1-3　电压传输特性测试表

V_I/V	0	0.2	0.4	0.6	0.8	1.0	1.5	2.0	2.5	3.0	3.5	4.0	…
V_O/V													

五、实验报告

1. 记录并整理实验数据。
2. 画出实测的电压传输特性曲线，并从中读出输出的高、低电压和阈值电压。

实验二

组合逻辑电路设计

一、实验目的

1. 掌握组合逻辑电路的测试方法。
2. 掌握组合逻辑电路的设计方法。
3. 熟悉加法器的工作原理。

二、实验原理

使用中、小规模集成电路来设计组合电路是常见的逻辑电路。组合逻辑电路的设计通常按以下步骤进行：

(1) 根据设计任务的要求建立输入、输出变量。

(2) 列出逻辑真值表。

(3) 用逻辑代数或卡诺图化简法求出简化的逻辑表达式。

(4) 按实际选用逻辑门的类型修改逻辑表达式。

(5) 根据简化后的逻辑表达式画出逻辑图，用标准器件构成逻辑电路。

三、实验设备与器件

1. 数字电路实验箱。
2. 数字万用表。
3. 集成电路芯片 74LS20D、74LS00D、74LS86D。

四、实验内容

1. 设计电路

设计一个用与非门实现的三人表决电路。

2. 半加器组合电路的逻辑功能测试

(1) 按图 2－1 接线，接线示意图如图 2－2 所示。

(2) 按表 2－1 的要求改变输入端 A、B 的状态，填表并写出 Y、Z 的逻辑表达式。

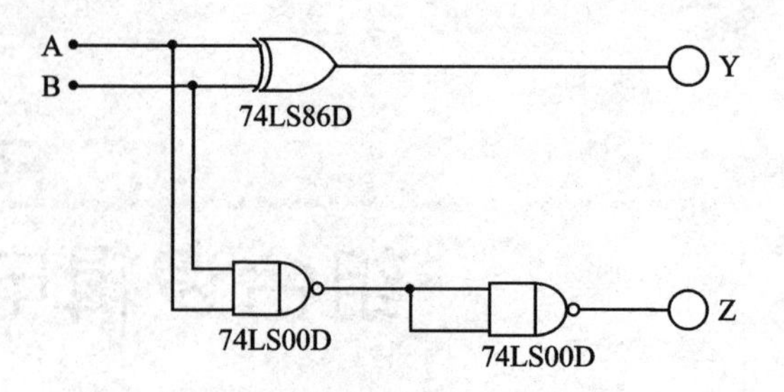

图 2－1　半加器逻辑电路

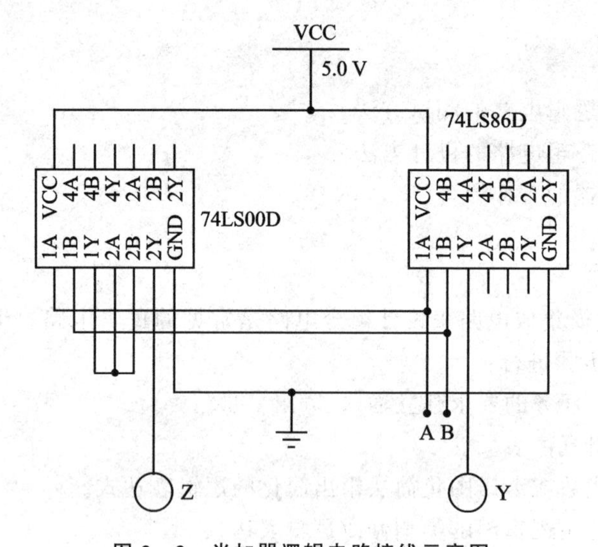

图 2－2　半加器逻辑电路接线示意图

表 2－1　半加器逻辑功能测试

输入	A	0	0	1	1
	B	0	1	0	1
输出	Y				
	Z				

3. 全加器组合电路的逻辑功能测试

(1) 写出图 2－3 所示电路的逻辑表达式。

(2)按图 2－3 选择与非门并接线进行测试,将测试结果记入表 2－2 中。

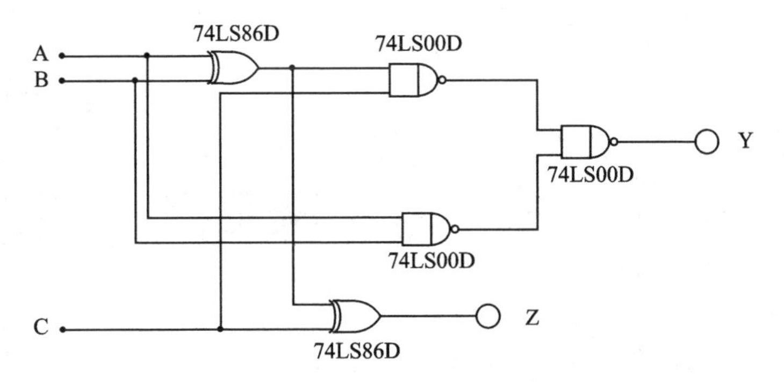

图 2-3 全加器逻辑电路

表 2-2 全加器逻辑功能测试

输 入			输 出	
A	B	C	Y	Z
0	0	0		
0	0	1		
0	1	0		
0	1	1		
1	0	0		
1	0	1		
1	1	0		
1	1	1		

五、实验报告

1. 记录并整理实验数据。
2. 写出三人表决电路的设计过程,并画出逻辑电路图。

实验三

译码器及其应用

一、实验目的

1. 掌握译码器逻辑功能的测试方法。

2. 掌握用译码器设计组合逻辑电路的方法。

3. 熟悉译码器的逻辑功能和使用方法。

二、实验原理

译码器是一个多输入、多输出的组合逻辑电路。译码器的逻辑功能是将每个输入的二进制代码译成对应的输出高、低电平信号或者另外一个代码。译码器的输出端给出的就是输入端变量的全部最小项，利用附加的门电路将这些最小项适当地组合起来，便可以产生组合逻辑函数。二进制译码器实际上也是负脉冲输出的脉冲分配器。若利用使能端中的一个输入端输入数据信息，器件就成为一个数据分配器（又称多路分配器）。数据分配器是将一个数据源来的数据根据需要送到多个不同的通道上去，实现数据分配功能的逻辑电路。

三、实验设备与器件

1. 数字电路实验箱。

2. 数字万用表。

3. 集成电路芯片 74LS20D、74LS138D。

四、实验内容

1. 74LS138D 译码器逻辑功能测试

将译码器 74LS138 使能端 G_1、G'_{2A}、G'_{2B}及地址端 C、B、A 分别接至逻辑电平开关，八个输出端 $Y'_7 \cdots Y'_0$依次连接逻辑电平显示器，拨动逻辑电平开关，按表 3－1 逐项测试 74LS138D 的逻辑功能并记录输出电平。

2. 用 74LS138D 构成时序脉冲分配器

按图 3－1 接线，在 G_1 端接入频率约为 5 kHz 的时钟脉冲 CLK，用示波器观察和记录在地址端 C、B、A 分别取 000～111 八种不同状态时 Y'_7～Y'_0 端的输出波形，注意输出波形与 CLK 输入波形之间的相位关系，将测试结果填入表 3 - 2 中。

表 3 - 1　74LS138D 功能表

输入					输出							
G_1	$G'_{2A}+G'_{2B}$	C	B	A	Y'_0	Y'_1	Y'_2	Y'_3	Y'_4	Y'_5	Y'_6	Y'_7
0	×	×	×	×								
×	1	×	×	×								
1	0	0	0	0								
1	0	0	0	1								
1	0	0	1	0								
1	0	0	1	1								
1	0	1	0	0								
1	0	1	0	1								
1	0	1	1	0								
1	0	1	1	1								

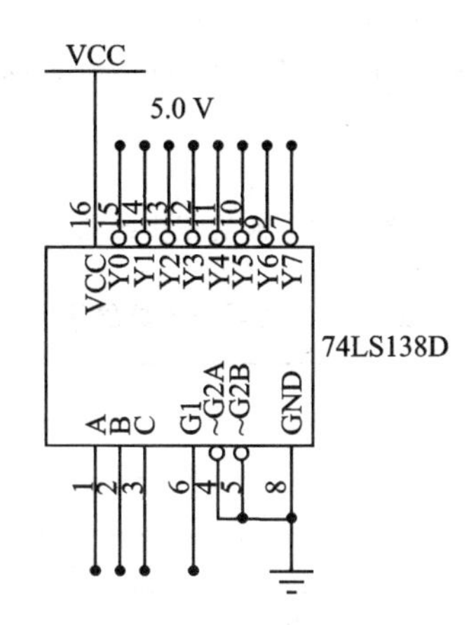

图 3 - 1　作数据分配器

表 3 - 2　时序脉冲分配器功能表

输入					输出							
G_1	$G'_{2A}+G'_{2B}$	C	B	A	Y'_0	Y'_1	Y'_2	Y'_3	Y'_4	Y'_5	Y'_6	Y'_7
⎍⎍⎍⎍	0	0	0	0								
⎍⎍⎍⎍	0	0	0	1								
⎍⎍⎍⎍	0	0	1	0								
⎍⎍⎍⎍	0	0	1	1								

续表 3-2

输入					输出							
G_1	$G'_{2A}+G'_{2B}$	C	B	A	Y'_0	Y'_1	Y'_2	Y'_3	Y'_4	Y'_5	Y'_6	Y'_7
	0	1	0	0								
	0	1	0	1								
	0	1	1	0								
	0	1	1	1								

3. 实现逻辑函数

按图 3-2 接线，将实验数据填写在表 3-3 中并写出逻辑函数表达式。

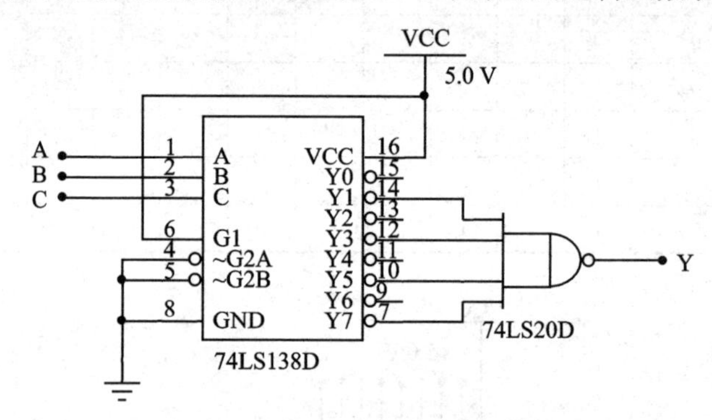

图 3-2　实现逻辑函数

表 3-3　逻辑函数真值表

输入			输出
C	B	A	Y
0	0	0	
0	0	1	
0	1	0	
0	1	1	
1	0	0	
1	0	1	
1	1	0	
1	1	1	

五、实验报告

1. 记录并整理实验数据。
2. 试利用两片 74LS138D 组成一个 4 线-16 线译码器，画出逻辑电路图。

实验四

数据选择器及其应用

一、实验目的

1. 掌握数据选择器逻辑功能的测试方法。
2. 掌握用数据选择器实现组合逻辑电路的方法。
3. 熟悉数据选择器的基本功能和使用方法。

二、实验原理

数据选择器是在数字信号的传输过程中，从一组输入数据中选出某一个数据的逻辑电路。常见的数据选择器产品有“2 选 1”、“4 选 1”、“8 选 1”、“16 选 1”等几种类型。它们的工作原理类似，只是数据输入端和地址输入端的数目各不相同而已。

用具有 N 位地址输入的数据选择器，可以产生任何形式输入变量数不大于 $N+1$ 的组合逻辑函数。

三、实验设备与器件

1. 数字电路实验箱。
2. 数字万用表。
3. 集成电路芯片 74LS151D。

四、实验内容

1. 74LS151D 数据选择器逻辑功能测试。

按表 4－1 逐项进行测试并记录输出电平。

2. 用 74LS151D 数据选择器实现三个输入变量的逻辑函数。

按图 4－1 接线，将实验数据填入表 4－2 中，写出逻辑函数表达式。

3. 用 74LS151D 数据选择器实现四个输入变量的逻辑函数。

按图 4－2 接线，将实验数据填入表 4－3 中，写出逻辑函数表达式。

表 4-1 数据选择器功能表

输入				输出
G′	C	B	A	Q
1	×	×	×	
0	0	0	0	
0	0	0	1	
0	0	1	0	
0	0	1	1	
0	1	0	0	
0	1	0	1	
0	1	1	0	
0	1	1	1	

表 4-2 真值表

输入			输出
C	B	A	Y
0	0	0	
0	0	1	
0	1	0	
0	1	1	
1	0	0	
1	0	1	
1	1	0	
1	1	1	

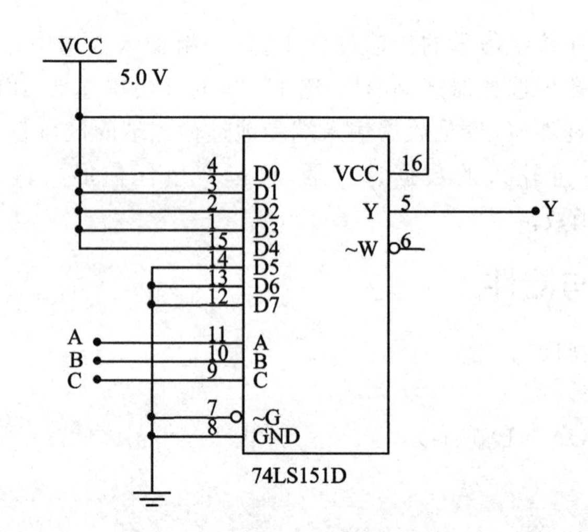

图 4-1 实现三输入逻辑函数电路

表 4-3 真值表

输入	D	0	0	0	0	0	0	0	0	1	1	1	1	1	1	1	1
	C	0	0	0	0	1	1	1	1	0	0	0	0	1	1	1	1
	B	0	0	1	1	0	0	1	1	0	0	1	1	0	0	1	1
	A	0	1	0	1	0	1	0	1	0	1	0	1	0	1	0	1
输出	Y																

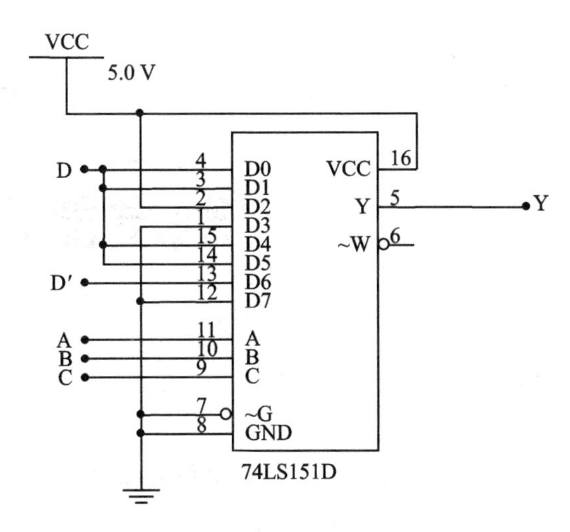

图 4－2　实现四输入逻辑函数电路

五、实验报告

1. 记录并整理实验数据。
2. 试用两片 4 选 1 数据选择器产生逻辑函数 $Y=AB'C+A'C+BC$。

实验五

触发器及其应用

一、实验目的

1. 掌握 JK 触发器和 D 触发器逻辑功能的测试方法。
2. 掌握各种触发器相互转换的方法。
3. 熟悉 JK 触发器、D 触发器、T 触发器和 T′触发器的逻辑功能和使用方法。

二、实验原理

触发器是能够存储 1 位二值信号的基本单元电路。触发器的电路结构形式有很多种，它们的触发方式和逻辑功能也各不相同。根据触发器逻辑功能的不同分为 SR 锁存器、JK 触发器、D 触发器、T 触发器等几种类型。根据触发器的触发方式不同分为电平触发、脉冲触发和边沿触发三种。根据存储数据的原理不同，还把触发器分为静态触发器和动态触发器两大类。静态触发器是靠电路状态的自锁存储数据的。本实验所用到的触发器全部为静态触发器，触发方式为边沿触发。

在集成触发器的产品中，每一种触发器都有自己固定的逻辑功能，但可以利用转换的方法获得具有其他功能的触发器。

三、实验设备与器件

1. 数字电路实验箱。
2. 数字万用表。
3. 集成电路芯片 CC4027、CC4013。
4. 双踪示波器。

四、实验内容

1. JK 触发器 CC4027 逻辑功能测试

CC4027 是上升沿触发的双 JK 触发器。按表 5－1 的要求改变 S、R、J、K 端的输入状态，记录 Q^* 端的输出电平。

表 5-1　JK 触发器特性表

输入					输出		逻辑功能
S	R	CLK	J	K	Q	Q^*	
1	0	×	×	×	×		
0	1	×	×	×	×		
1	1	↑	0	0	0		
					1		
1	1	↑	1	0	0		
					1		
1	1	↑	0	1	0		
					1		
1	1	↑	1	1	0		
					1		

2. D 触发器 CC4013 逻辑功能测试

CC4013 是上升沿触发的双 D 触发器。按表 5-2 的要求改变 S、R、D 端的输入状态，记录 Q^* 端的输出电平。

表 5-2　D 触发器特性表

输入				输出		逻辑功能
S	R	CLK	D	Q	Q^*	
1	0	×	×	×		
0	1	×	×	×		
0	0	↑	0	0		
				1		
0	0	↑	1	0		
				1		

3. 触发器的相互转换

(1) 由 JK 触发器转换成 T 触发器

按图 5-1 接线，将两个输入端 J、K 连接在一起合成一个输入端。按表 5-3 的要求改变 S、R、T 端的输入状态，记录 Q^* 端的输出电平。

(2) 由 JK 触发器转换成 T′触发器

按图 5-2 接线，将两个输入端 J、K 连接在一起，输入高电平。按表 5-4 的要求改变 S、R、T′端的输入状态，记录 Q^* 端的输出电平。

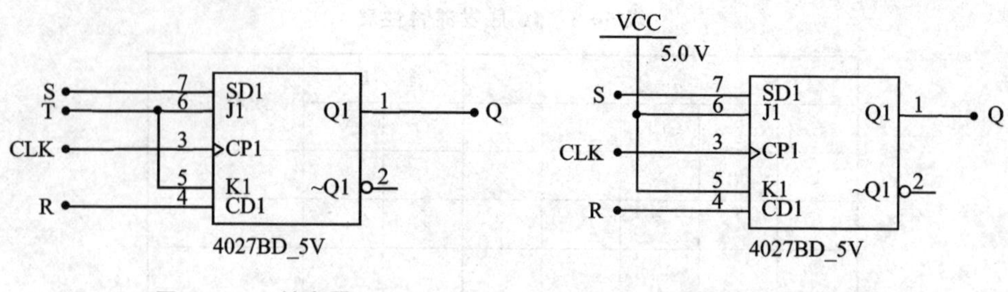

图 5－1　T 触发器　　　　图 5－2　T′触发器

表 5－3　T 触发器特性表

输入				输出		逻辑功能
S	R	CLK	T	Q	Q^*	
1	0	×	×	×		
0	1	×	×	×		
0	0	↑	0	0		
				1		
0	0	↑	1	0		
				1		

表 5－4　T′触发器特性表

输入				输出		逻辑功能
S	R	CLK	T′	Q	Q^*	
1	0	×	×	×		
0	1	×	×	×		
0	0	↑	1	0		
				1		

五、实验报告

1. 记录并整理实验数据。
2. 写出 JK 触发器、D 触发器、T 触发器和 T′触发器的特性方程。

实验六

计数器及其应用

一、实验目的

1. 掌握计数器逻辑功能的测试方法。
2. 掌握任意进制计数器的实现方法。
3. 熟悉计数器的逻辑功能和使用方法。

二、实验原理

计数器是一种能够记录时钟脉冲数目的时序逻辑电路，是数字电路中常用的时序电路。计数器主要是对脉冲的个数进行计数，以实现测量、计数和控制的功能，同时兼有分频、定时、产生脉冲序列等功能。计数器由基本的计数单元和一些控制门所组成，计数单元则由一系列具有存储信息功能的各类触发器构成，这些触发器有 SR 锁存器、T 触发器、D 触发器、JK 触发器等。计数器按进位制不同，分为二进制计数器、十进制计数器和任意进制计数器；按计数过程中计数器中的数字增减分类，可以分为加法计数器、减法计数器和可逆计数器。

三、实验设备与器件

1. 数字电路实验箱。
2. 数字万用表。
3. 集成电路芯片 74LS00D、74LS192D、CC4027。

四、实验内容

1. 用 CC4027 触发器构成 3 位异步二进制加法计数器

按图 6-1 接线，按表 6-1 的要求改变 S、R 端的输入状态，记录 Q 端的输出电平。

2. 74LS192D 同步十进制可逆计数器逻辑功能测试

按表 6-2 逐项测试计数器 74LS192D 的逻辑功能，并记录输出电平。

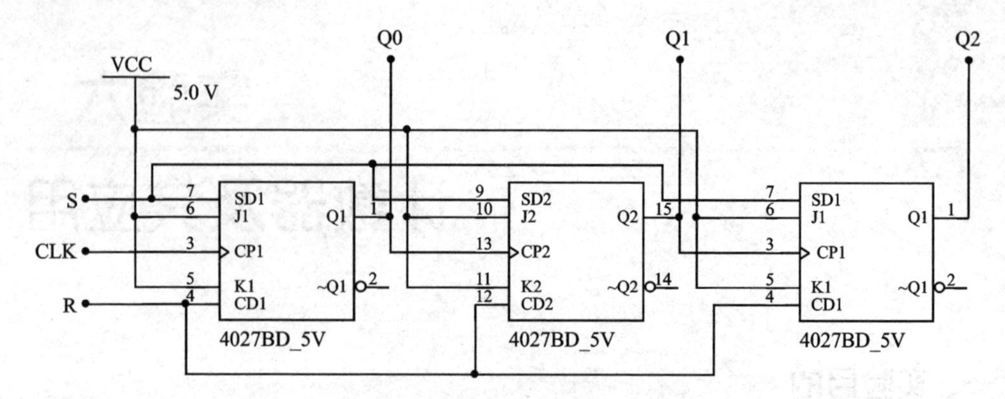

图 6-1　异步二进制加法计数器

表 6-1　二进制加法计数器功能表

输　入			输　出			工作状态
S	R	CLK	Q2	Q1	Q0	
1	0	×	×			
0	1	×	×			
0	0	↑				
0	0	↑				
0	0	↑				
0	0	↑				
0	0	↑				
0	0	↑				
0	0	↑				
0	0	↑				
0	0	↑				

表 6-2　十进制可逆计数器功能表

输　入								输　出				功　能
CLR	LD′	UP	DOWN	D	C	B	A	Q_D	Q_C	Q_B	Q_A	
1	×	×	×	×	×	×	×					
0	0	×	×	0	0	1	1					
0	1	↑	1	×	×	×	×					
0	1	↑	1	×	×	×	×					
0	1	↑	1	×	×	×	×					
0	1	↑	1	×	×	×	×					
0	1	↑	1	×	×	×	×					
0	1	↑	1	×	×	×	×					
0	1	↑	1	×	×	×	×					

续表 6-2

输入								输出				功能
CLR	LD′	UP	DOWN	D	C	B	A	Q_D	Q_C	Q_B	Q_A	
0	1	1	↑	×	×	×	×					
0	1	1	↑	×	×	×	×					
0	1	1	↑	×	×	×	×					
0	1	1	↑	×	×	×	×					
0	1	1	↑	×	×	×	×					
0	1	1	↑	×	×	×	×					
0	1	1	↑	×	×	×	×					
0	1	1	↑	×	×	×	×					
0	1	1	↑	×	×	×	×					
0	1	1	↑	×	×	×	×					

3. 实现任意进制计数

按图 6-2 电路进行接线。画出状态转换图并记录，分析它是几进制计数器。

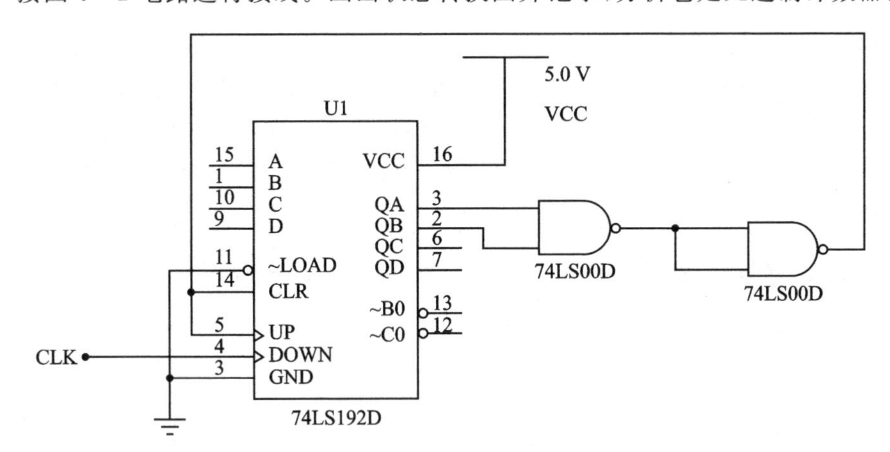

图 6-2 计数器

五、实验报告

1. 记录并整理实验数据。
2. 说明实现任意进制计数器的两种方法，图 6-2 采用的是哪种方法。

实验七

移位寄存器及其应用

一、实验目的

1. 掌握移位寄存器逻辑功能的测试方法。
2. 掌握移位寄存器型计数器的工作原理及实现方法。
3. 熟悉移位寄存器的逻辑功能和使用方法。

二、实验原理

移位寄存器除了具有存储代码的功能以外,还具有移位功能。移位功能是指寄存器里存储的代码能在移位脉冲的作用下依次左移或右移。移位寄存器根据存储代码的移动方向可以分为左移移位寄存器、右移移位寄存器和双向移位寄存器。移位寄存器不但可以用来寄存代码,还可以用来实现数据的串行—并行转换、数值的运算以及数据处理等。

三、实验设备与器件

1. 数字电路实验箱。
2. 数字万用表。
3. 集成电路芯片 CC40194、74LS00D、CC4013。

四、实验内容

1. CC40194 移位寄存器逻辑功能测试

按表 7-1 逐项测试移位寄存器 CC40194 的逻辑功能,并记录输出电平。

表 7-1 移位寄存器功能表

输入							输出	功能
M'_R	S_1	S_0	CP	DSL	DSR	$P_0P_1P_2P_3$	$Q_0Q_1Q_2Q_3$	
0	×	×	×	×	×	××××		
1	1	1	↑	×	×	1011		
1	0	0	↑	×	×	××××		

续表 7－1

输　入							输　出	功　能
M_R'	S_1	S_0	CP	DSL	DSR	$P_0\,P_1\,P_2\,P_3$	$Q_0\,Q_1\,Q_2\,Q_3$	
1	0	1	↑	×	0	××××		
1	0	1	↑	×	0	××××		
1	0	1	↑	×	1	××××		
1	0	1	↑	×	1	××××		
1	1	0	↑	1	×	××××		
1	1	0	↑	0	×	××××		
1	1	0	↑	0	×	××××		
1	1	0	↑	1	×	××××		

2. 右移移位寄存器

按图 7－1 接线，进行右移串入实验，串入数码 $d_6d_5d_4d_3d_2d_1d_0=0011001$，最先送入 d_0，随着单次脉冲的依次加入，将输出状态的变化填入表 7－2 中。

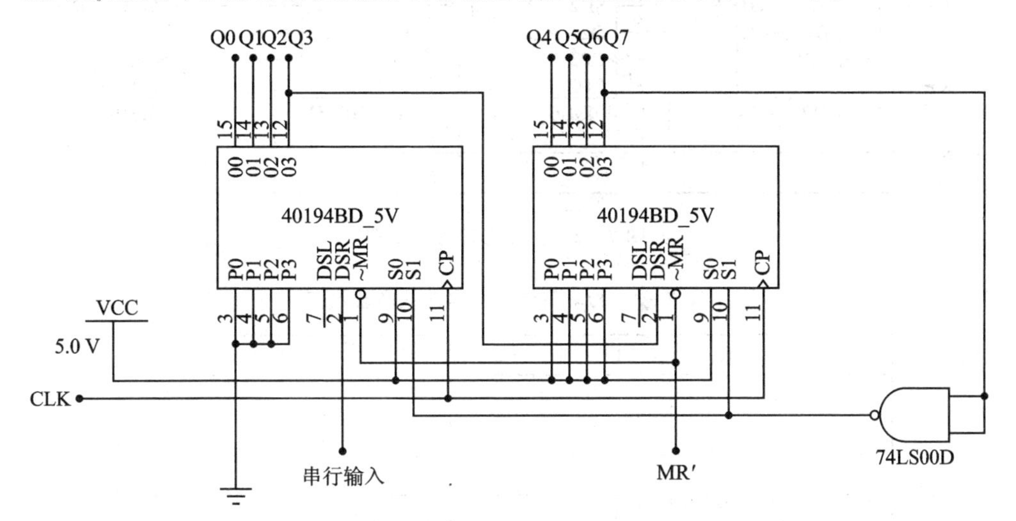

图 7－1　右移移位寄存器电路

表 7－2　右移移位寄存器状态转换表

MR′	CLK	Q_0	Q_1	Q_2	Q_3	Q_4	Q_5	Q_6	Q_7	工作状态
0	×									
1	↑									
1	↑									
1	↑									
1	↑									

续表 7－2

MR′	CLK	Q_0	Q_1	Q_2	Q_3	Q_4	Q_5	Q_6	Q_7	工作状态
1	↑									
1	↑									
1	↑									
1	↑									
1	↑									

3. 扭环形计数器

按图 7－2 接线，随着单次脉冲的依次加入，将输出状态的变化填入表 7－3 中。

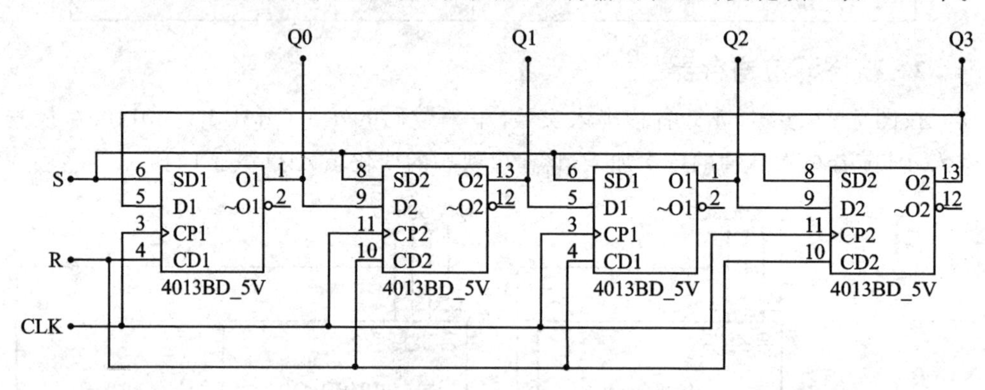

图 7－2　扭环形计数器电路

表 7－3　扭环形计数器电路状态转换表

S	R	CLK	Q_0	Q_1	Q_2	Q_3
0	1	×				
0	0	↑				
0	0	↑				
0	0	↑				
0	0	↑				
0	0	↑				
0	0	↑				
0	0	↑				
0	0	↑				

五、实验报告

1. 记录并整理实验数据。
2. 画出扭环形计数器电路的状态转换图，分别画出有效循环和无效循环。

实验八

555时基电路及其应用

一、实验目的

1. 掌握555时基电路的工作原理。
2. 掌握555时基电路的典型应用。
3. 熟悉多谐振荡器、单稳态触发器、施密特触发器的工作原理。

二、实验原理

555时基电路是一种多用途的数字-模拟混合集成电路，利用它能方便地构成施密特触发器、单稳态触发器和多谐振荡器。多谐振荡器是一种自激振荡电路，在接通电源以后，不需要外加触发信号，便能自动地产生矩形脉冲。

三、实验设备与器件

1. 数字电路实验箱。
2. 数字万用表。
3. 集成电路芯片555，电容0.01 μF、0.1 μF、0.47 μF，电阻10 kΩ。
4. 双踪示波器。

四、实验内容

1. 多谐振荡器

按图8-1接线，用双踪示波器观测 V_O 的波形，测定频率。根据图中相关参数计算输出信号的频率，和实测频率相比较。

2. 单稳态触发器

按图8-2接线，输入信号 V_I 为1 kHz方波，用双踪示波器观测 V_I、V_O 的波形，以及 V_O 的脉宽。根据图中相关参数计算输出脉冲的宽度 t_w，和实测值相比较。

3. 施密特触发器

按图8-3接线，输入信号 V_I 为1 kHz三角波，用双踪示波器观测 V_I、V_O 的波形。根据输入、输出信号波形图画出该施密特触发器的电压传输特性图。

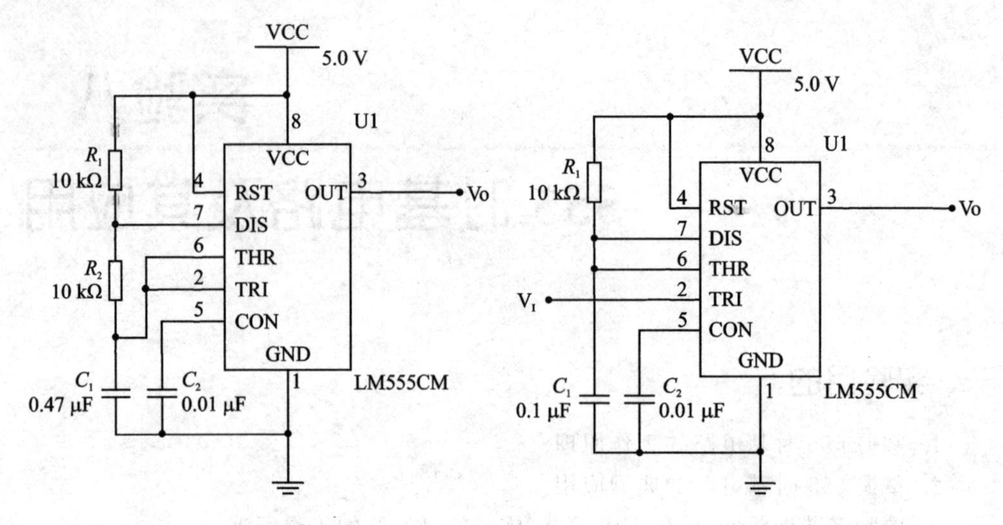

图 8－1　多谐振荡器电路　　　图 8－2　单稳态触发器电路

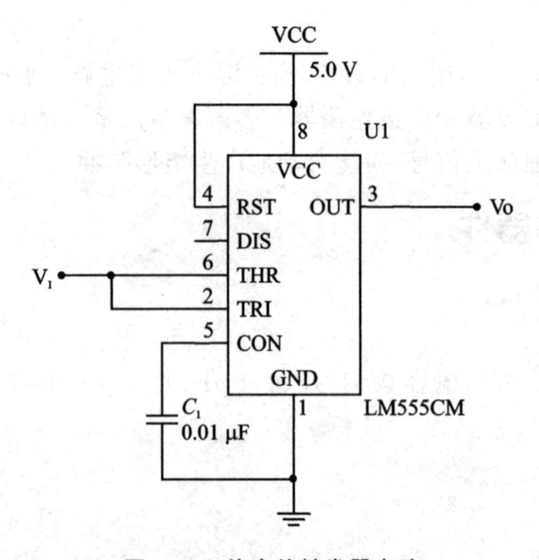

图 8－3　施密特触发器电路

五、实验报告

1. 记录并整理实验数据。
2. 画出实验中输入、输出信号的波形图。
3. 根据输出信号的波形图说明触发器的触发方式和工作原理。

第2章

综合性实验

实验九

D/A 转换器及其应用

一、实验目的

1. 了解 D/A 转换器的基本工作原理和基本结构。
2. 掌握大规模集成 D/A 转换器的功能及其典型应用。

二、实验原理

在数字电子技术的很多应用场合往往需要把数字量转换成模拟量，称为数 / 模转换器（D/A 转换器，简称 DAC）。完成这种转换的电路有多种，特别是单片大规模集成 D/A 转换器的问世，为实现上述的转换提供了极大的方便。使用者借助于相关手册提供的器件性能指标及典型应用电路，即可正确使用这些器件。本实验将采用大规模集成电路 DAC0832 实现 D/A 转换。

DAC0832 是采用 CMOS 工艺制成的单片电流输出型 8 位 D/A 转换器。图 9－1 是 DAC0832 的逻辑框图及引脚排列。

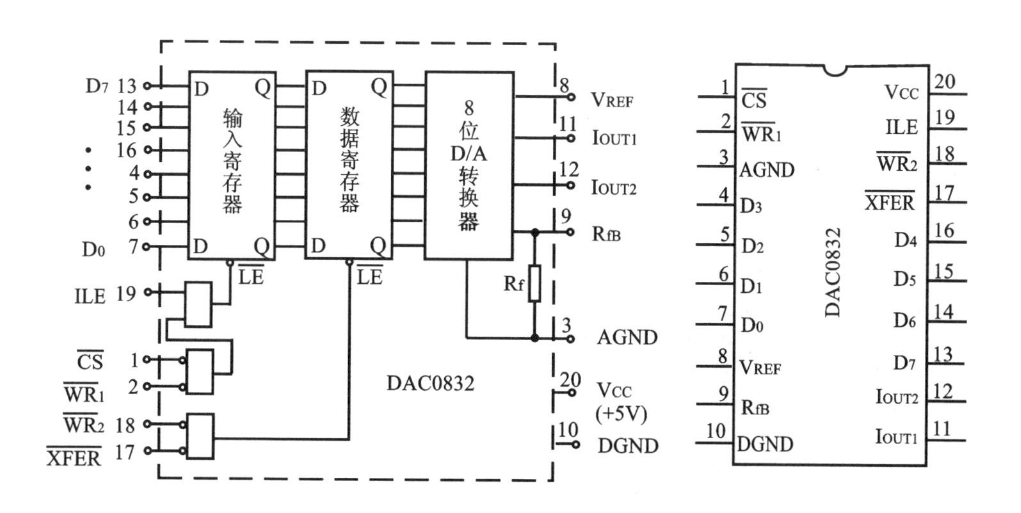

图 9－1　DAC0832 单片 D/A 转换器逻辑框图及引脚排列

器件的核心部分采用倒T形电阻网络的8位D/A转换电路，如图9-2所示。它是由倒T形$R-2R$电阻网络、模拟开关、运算放大器和参考电压V_{REF}四部分组成的。

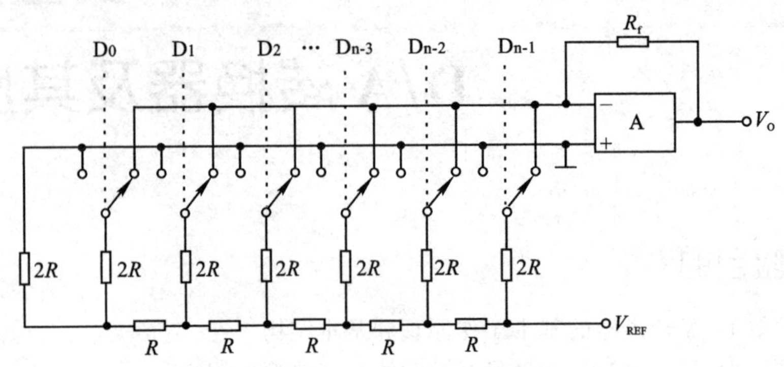

图9-2　倒T形电阻网络D/A转换电路

运放的输出电压为

$$V_O=\frac{V_{REF}\cdot R_f}{2^nR}(D_{n-1}\cdot 2^{n-1}+D_{n-2}\cdot 2^{n-2}+\cdots+D_0\cdot 2^0) \tag{9-1}$$

由式(9-1)可见，输出电压V_O与输入的数字量成正比，这就实现了从数字量到模拟量的转换。

一个8位D/A转换器，它有8个输入端，每个输入端是8位二进制数的一位，有一个模拟输出端，输入可有$2^8=256$个不同的二进制组态，输出为256个电压之一，即输出电压不是整个电压范围内任意值，而只能是256个可能值。

DAC0832的引脚功能说明如下：

$D_0\sim D_7$：数字信号输入端。

ILE：输入寄存器允许，高电平有效。

$\overline{CS}$：片选信号，低电平有效。

$\overline{WR_1}$：写信号1，低电平有效。

$\overline{XFER}$：传送控制信号，低电平有效。

$\overline{WR_2}$：写信号2，低电平有效。

I_{OUT1}，I_{OUT2}：DAC电流输出端。

R_{fB}：反馈电阻，是集成在片内的外接运放的反馈电阻。

V_{REF}：基准电压(－10～＋10)V。

V_{CC}：电源电压(＋5～＋15)V。

AGND：模拟地，可与数字地接在一起使用。

NGND：数字地，可与模拟地接在一起使用。

DAC0832输出的是电流，要转换为电压，还必须经过一个外接的运算放大器，实验原理如图9-3所示。

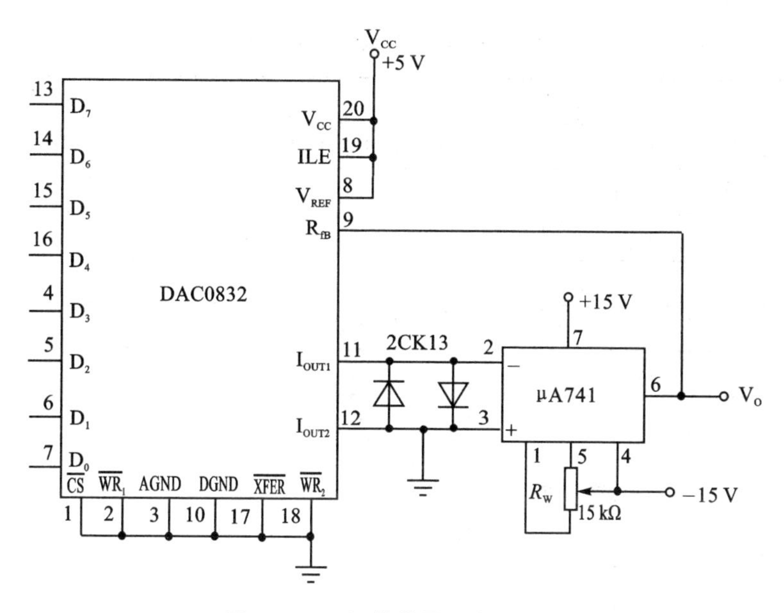

图 9 - 3 D/A 转换器实验原理图

三、实验设备及器件

1. +5 V、±15 V 直流电源。
2. 数字示波器。
3. 计数脉冲源。
4. 逻辑电平开关。
5. 逻辑电平显示器。
6. 直流数字电压表。
7. DAC0832、ADC0809、μA741、电位器、电阻、电容若干。

四、实验内容

(1) 按图 9 - 3 接线,电路接成直通方式,即 $\overline{CS}$、$\overline{WR_1}$、$\overline{WR_2}$、$\overline{XFER}$ 接地;ALE、V_{CC}、V_{REF} 接+5 V 电源;运放电源接±15 V;D_0~D_7 接逻辑开关的输出插口,输出端 V_O 接直流数字电压表。

(2) 调零,D_0~D_7 全置零,调节运放的电位器使 μA741 输出为零。

(3) 按表 9 - 1 所列的输入数字量,用数字电压表测量运放的输出电压 V_O,将测量结果填入表中,并与理论值进行比较。

表 9-1　D/A 转换实验数据表

输入数字量								输出模拟量 V_O/V
D_7	D_6	D_5	D_4	D_3	D_2	D_1	D_0	$V_{CC}=+5$ V
0	0	0	0	0	0	0	0	
0	0	0	0	0	0	0	1	
0	0	0	0	0	0	1	0	
0	0	0	0	0	1	0	0	
0	0	0	0	1	0	0	0	
0	0	0	1	0	0	0	0	
0	0	1	0	0	0	0	0	
0	1	0	0	0	0	0	0	
1	0	0	0	0	0	0	0	
1	1	1	1	1	1	1	1	

五、实验预习要求

1. 复习 D/A 转换器的工作原理。
2. 熟悉 DAC0832 的各引脚功能和使用方法。
3. 绘制完整的仿真电路图。
4. 理论计算实验记录表格中的数据。

六、实验报告

整理实验数据，填写实验表格，分析实验结果。

实验十

A/D 转换器及其应用

一、实验目的

1. 了解 A/D 转换器的基本工作原理和基本结构。
2. 掌握大规模集成 A/D 转换器的功能及其典型应用。

二、实验原理

在数字电子技术的很多应用场合往往需要把模拟量转换为数字量,称为模/数转换器(A/D 转换器,简称 ADC)。完成这种转换的电路有多种,特别是单片大规模集成 A/D 转换器的问世,为实现上述的转换提供了极大的方便。使用者借助于相关手册提供的器件性能指标及典型应用电路,即可正确使用这些器件。本实验将采用大规模集成电路 ADC0809 实现 A/D 转换。

ADC0809 是采用 CMOS 工艺制成的单片 8 位 8 通道逐次逼近型 A/D 转换器,其逻辑框图及引脚排列如图 10-1 所示。

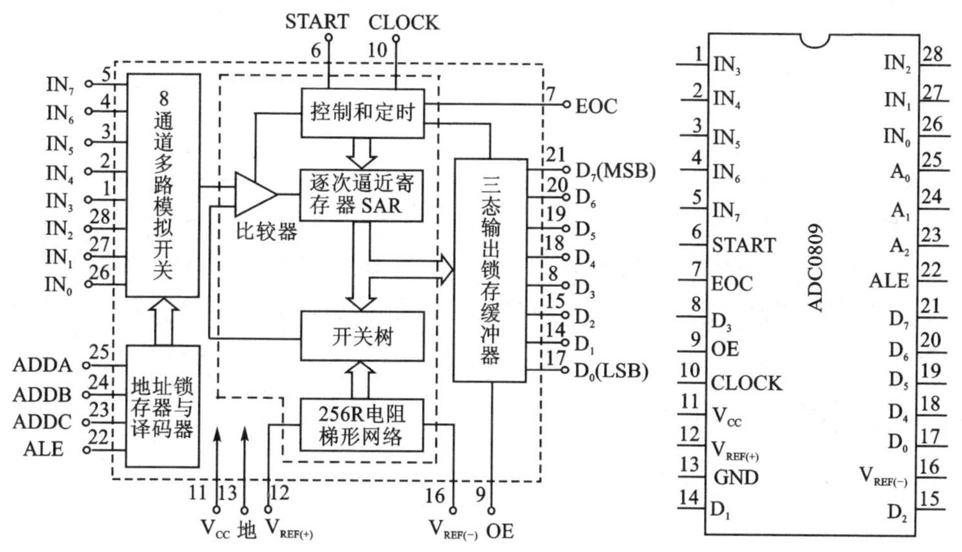

图 10-1　ADC0809 转换器逻辑框图及引脚排列

器件的核心部分是 8 位 A/D 转换器，它由比较器、逐次逼近型寄存器、D/A 转换器及控制和定时 5 部分组成。

ADC0809 的引脚功能说明如下：

IN_0～IN_7：8 路模拟信号输入端。

A_2、A_1、A_0：地址输入端。

ALE：地址锁存允许输入信号，在此引脚施加正脉冲，上升沿有效，此时锁存地址码，从而选通相应的模拟信号通道，以便进行 A/D 转换。

START：启动信号输入端，应在此引脚施加正脉冲，当上升沿到达时，内部逐次逼近寄存器复位，在下降沿到达后，开始 A/D 转换过程。

EOC：转换结束输出信号(转换结束标志)，高电平有效。

OE：输入允许信号，高电平有效。

CLOCK(CP)：时钟信号输入端，外接时钟频率，一般为 640 kHz。

Vcc：+5 V 单电源供电。

V_{REF}(+)、V_{REF}(−)：基准电压的正极、负极。一般 V_{REF}(+)接+5 V 电源，V_{REF}(−)接地。

D_7～D_0：数字信号输出端。

(1) 模拟量输入通道选择

8 路模拟开关由 A_2、A_1、A_0 三地址输入端选通 8 路模拟信号中的任何一路进行 A/D 转换，地址译码与模拟输入通道的选通关系如表 10-1 所列。

表 10-1　地址译码与模拟输入通道的选通关系

被选模拟通道		IN_0	IN_1	IN_2	IN_3	IN_4	IN_5	IN_6	IN_7
地　址	A_2	0	0	0	0	1	1	1	1
	A_1	0	0	1	1	0	0	1	1
	A_0	0	1	0	1	0	1	0	1

(2) A/D 转换过程

在启动端(START)加启动脉冲(正脉冲)，即开始 A/D 转换。如将启动端(START)与转换结束端(EOC)直接相连，转换将是连续的，在用这种转换方式时，开始应在外部加启动脉冲。

三、实验设备及器件

1. +5 V、±15 V 直流电源。
2. 双踪示波器。
3. 计数脉冲源。
4. 逻辑电平开关。

5．逻辑电平显示器。

6．直流数字电压表

7．ADC0809、μA741、电位器、电阻、电容若干。

四、实验内容

按图 10－2 接线。

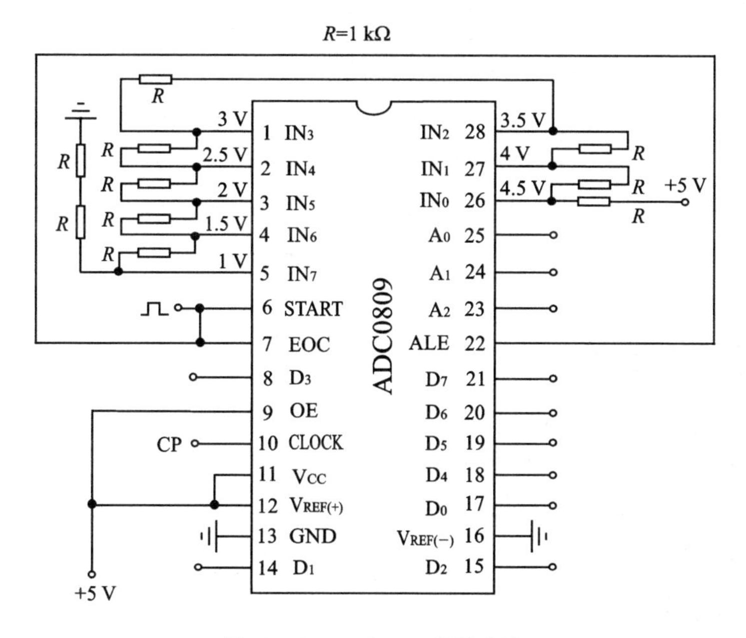

图 10－2　ADC0809 实验电路

(1) 8 路输入模拟信号 1～4.5 V，由＋5 V 电源经电阻 R 分压组成；变换结果 D_0～D_7 接逻辑电平显示器输入插口，CP 时钟脉冲由计数脉冲源提供，取 $f=$ 100 kHz；A_0～A_2 地址端接逻辑电平输出插口。

(2) 接通电源后，在启动端(START)加一正单次脉冲，下降沿一到即开始 A/D 转换。

(3) 按表 10－2 的要求观察，记录 IN_0～IN_7 8 路模拟信号的转换结果，并将转换结果换算成十进制数表示的电压值，与数字电压表实测的各路输入电压值进行比较，分析误差原因。

表 10－2　A/D 转换实验数据表

被选模拟通道	输　入模拟量	地　址			输出数字量								
IN	V_I/V	A_2	A_1	A_0	D_7	D_6	D_5	D_4	D_3	D_2	D_1	D_0	十进制
IN_0	4.5	0	0	0									
IN_1	4.0	0	0	1									
IN_2	3.5	0	1	0									
IN_3	3.0	0	1	1									
IN_4	2.5	1	0	0									
IN_5	2.0	1	0	1									
IN_6	1.5	1	1	0									
IN_7	1.0	1	1	1									

五、实验预习要求

1. 复习 A/D 转换器的工作原理。
2. 熟悉 ADC0809 各引脚功能和使用方法。
3. 绘制完整的实验仿真电路和所需的实验记录表格。
4. 拟定各个实验内容的具体实验方案。

六、实验报告

整理实验数据，填写实验表格，分析实验结果。

实验十一

8 位编码、译码器及显示电路

一、实验目的

1. 熟悉编码器的逻辑功能和使用方法。
2. 熟悉译码器的逻辑功能和使用方法。

二、实验原理

1. 编码器

用代码表示特定信号的过程叫编码，实现编码功能的逻辑电路叫编码器。编码器的输入是被编码的信号，输出是与输入信号对应的一组二进制代码。

优先编码器：允许若干信号同时输入，但只对其中优先级别最高的信号进行编码，而不理睬级别低的信号。

74LS148 是 8 线 - 3 线优先编码器，其逻辑图见图 11 - 1，其功能表见表 11 - 1。

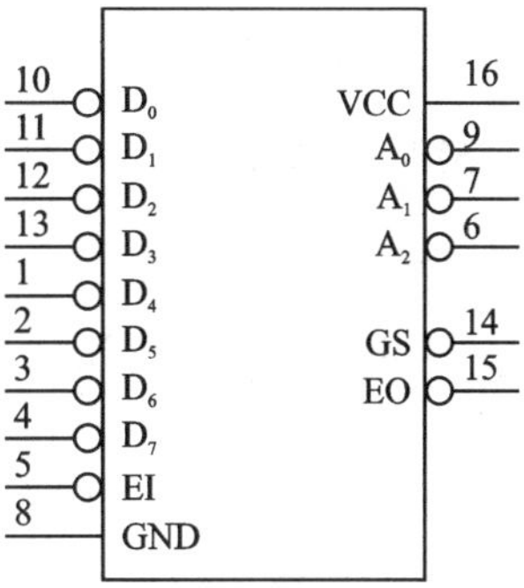

图 11 - 1　74LS148 逻辑图

74LS148 有 8 个输入端，3 个二进制码输出端，输入使能端 EI，输出使能端 EO 和优先编码工作标志 GS，优先级从 $D_7 \sim D_0$ 递减。

表 11 - 1　74LS148 功能表

输入									输出				
EI	D_0	D_1	D_2	D_3	D_4	D_5	D_6	D_7	A_2	A_1	A_0	GS	EO
1	×	×	×	×	×	×	×	×	1	1	1	1	1
0	1	1	1	1	1	1	1	1	1	1	1	1	0
0	×	×	×	×	×	×	×	0	0	0	0	0	1
0	×	×	×	×	×	×	0	1	0	0	1	0	1
0	×	×	×	×	×	0	1	1	0	1	0	0	1

续表 11-1

输入									输出				
EI	D_0	D_1	D_2	D_3	D_4	D_5	D_6	D_7	A_2	A_1	A_0	GS	EO
0	×	×	×	×	0	1	1	1	0	1	1	0	1
0	×	×	×	0	1	1	1	1	1	0	0	0	1
0	×	×	0	1	1	1	1	1	1	0	1	0	1
0	×	0	1	1	1	1	1	1	1	1	0	0	1
0	0	1	1	1	1	1	1	1	1	1	1	0	1

2. 译码器

3线-8线译码器 74LS138 的逻辑图参考实验三。

三、实验设备与器件

1. +5 V直流电源。
2. 74LS148、74LS138。
3. 逻辑电平显示器。
4. 逻辑电平开关。

四、实验内容

1. 测试优先编码器 74LS148 的功能。

2. 将编码器和译码器结合实验，如图 11-2 所示，实现将输入信号先进行编码，再译码输出的过程，并将输出用发光二极管进行显示。

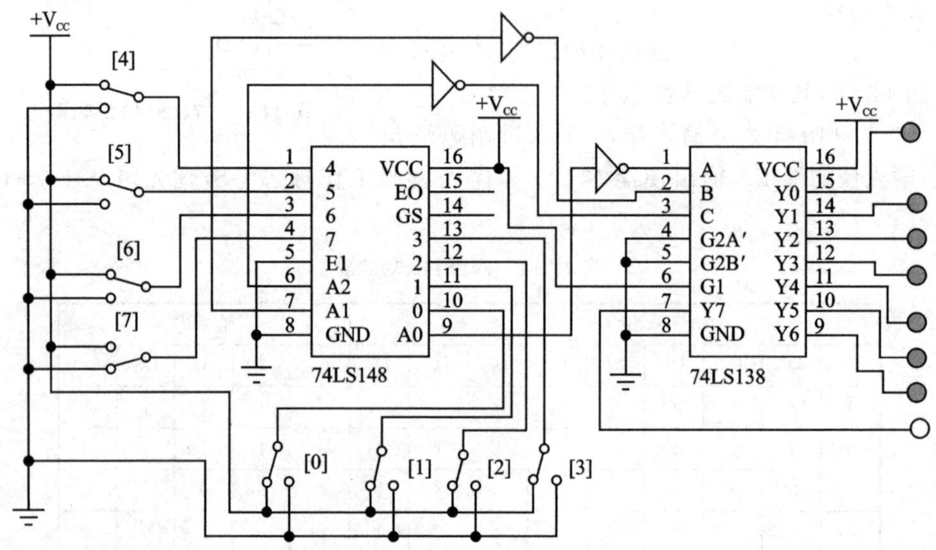

图 11-2 8位编码、译码及显示电路

五、实验报告

1. 根据实验内容 2 的仿真电路连线,验证电路运行状态。
2. 根据实验任务,完成实验报告。

实验十二

六十进制计数、译码及显示电路

一、实验目的

1. 熟悉计数器、显示译码器和数码显示器的使用方法。

2. 掌握六十进制计数、译码和显示电路设计。

二、实验原理

1. 计数器

计数器 40192(或 74LS192)的功能和使用方法参照实验六(计数器及其应用)的内容。

2. 数码显示译码器

七段发光二极管(LED)数码管是目前常用的数字显示器，其符号及引脚功能如图 12－1 所示。一个 LED 数码管可用来显示一位 0～9 的十进制数和一个小数点。小型数码管(0.5 英寸*和 0.36 英寸)每段发光二极管的正向压降，随显示光(通常为红、绿、黄、橙色)的颜色不同略有差别，通常为 2～2.5 V，每个发光二极管的点亮电

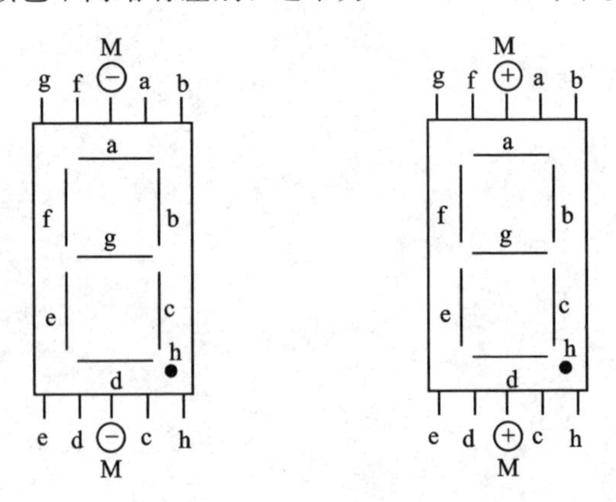

图 12－1 LED 数码管的符号及引脚功能

* 1 英寸＝25.4 mm。

流为 5～10 mA。LED 数码管要显示 BCD 码所表示的十进制数字，就需要有一个专门的译码器，该译码器不但要完成译码功能，还要有相当的驱动能力。

常用的 BCD 码七段译码驱动器有 74LS47(共阳)，74LS48(共阴)，CC4511(共阴)等，本实验采用 CC4511 BCD 码锁存/七段译码/驱动器。驱动共阴极 LED 数码管。CC4511 引脚排列如图 12－2 所示。

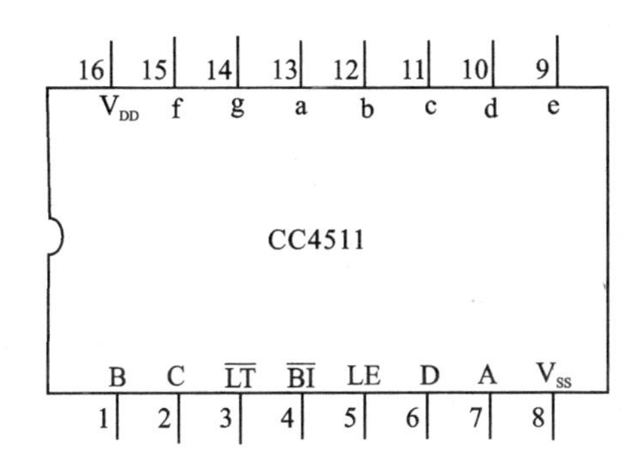

图 12－2　CC4511 引脚排列

其中，A、B、C、D 为 BCD 码输入端；a、b、c、d、e、f、g 为译码输出端，输出“1”有效，用来驱动共阴极 LED 数码管；$\overline{LT}$ 为测试输入端，$\overline{LT}$＝“0”时，译码输出全为“1”；$\overline{BI}$ 为消隐端，$\overline{BI}$＝“0”时，译码输出全为“0”；LE 为锁定端，LE＝“1”时译码器处于锁定(保持)状态，译码输出保持在 LE＝“0”时的数值，LE＝“0”为正常译码。

CC4511 内接有上拉电阻，故只需在输出端与数码管笔段之间串入限流电阻即可工作。译码器还有拒伪码功能，当输入码超过 1001 时，输出全为“0”，数码管熄灭。CC4511 功能表如表 12－1 所列。

表 12－1　CC4511 功能表

输　入							输　出							
LE	$\overline{BI}$	$\overline{LT}$	D	C	B	A	a	b	c	d	e	f	g	显示字形
×	×	0	×	×	×	×	1	1	1	1	1	1	1	8
×	0	1	×	×	×	×	0	0	0	0	0	0	0	消隐
0	1	1	0	0	0	0	1	1	1	1	1	1	0	0
0	1	1	0	0	0	1	0	1	1	0	0	0	0	1
0	1	1	0	0	1	0	1	1	0	1	1	0	1	2
0	1	1	0	0	1	1	1	1	1	1	0	0	1	3
0	1	1	0	1	0	0	0	1	1	0	0	1	1	4
0	1	1	0	1	0	1	1	0	1	1	0	1	1	5
0	1	1	0	1	1	0	0	0	1	1	1	1	1	6

续表 12-1

输入							输出							
LE	$\overline{BI}$	$\overline{LT}$	D	C	B	A	a	b	c	d	e	f	g	显示字形
0	1	1	0	1	1	1	1	1	1	0	0	0	0	7
0	1	1	1	0	0	0	1	1	1	1	1	1	1	8
0	1	1	1	0	0	1	1	1	1	0	0	1	1	9
0	1	1	1	0	1	0	0	0	0	0	0	0	0	消隐
0	1	1	1	0	1	1	0	0	0	0	0	0	0	消隐
0	1	1	1	1	0	0	0	0	0	0	0	0	0	消隐
0	1	1	1	1	0	1	0	0	0	0	0	0	0	消隐
0	1	1	1	1	1	0	0	0	0	0	0	0	0	消隐
0	1	1	1	1	1	1	0	0	0	0	0	0	0	消隐
1	1	1	×	×	×	×	锁 存							锁 存

3. 任意进制计数器

假定已有 N 进制计数器，而当需要得到一个 M 进制计数器时，只要 $M<N$，用复位法使计数器计数到 M 时置“0”，即可获得 M 进制计数器。如图 12-3 所示为一个由 CC40192 十进制计数器接成的六进制计数器。

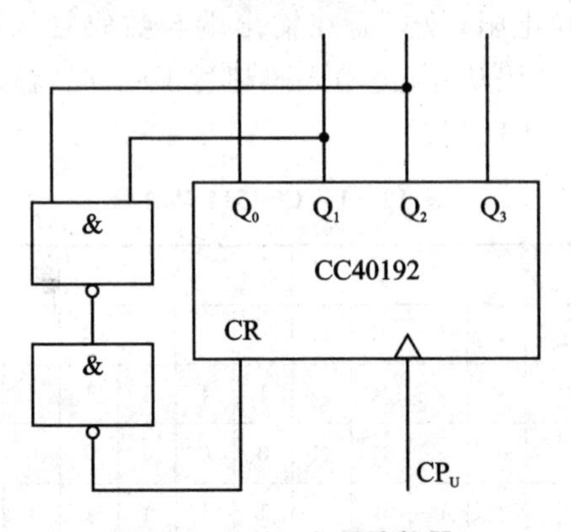

图 12-3　六进制计数器

三、实验设备与器件

1. +5 V 直流电源。
2. 脉冲源。
3. CC40192、CC4511、共阴数码管各 2 个。

四、实验内容

参照实验六中计数器的级联使用，设计一个六十进制计数、译码和显示电路。画出完整的仿真电路图，并能正常计数、显示。

五、实验报告

1. 用 Multisim 画出完整的仿真电路图。
2. 分析搭建电路时遇到的问题，并写出解决方法。

实验十三

多路抢答器的设计

一、实验目的

1. 学习数字电路中D触发器、分频电路、多谐振荡器、CP时钟脉冲源等单元电路的综合运用。

2. 熟悉智力竞赛抢答器的工作原理。

3. 了解简单数字系统实验、调试及故障排除方法。

二、实验原理

四人智力竞赛抢答装置原理图如图13-1所示，用于判断抢答优先权。

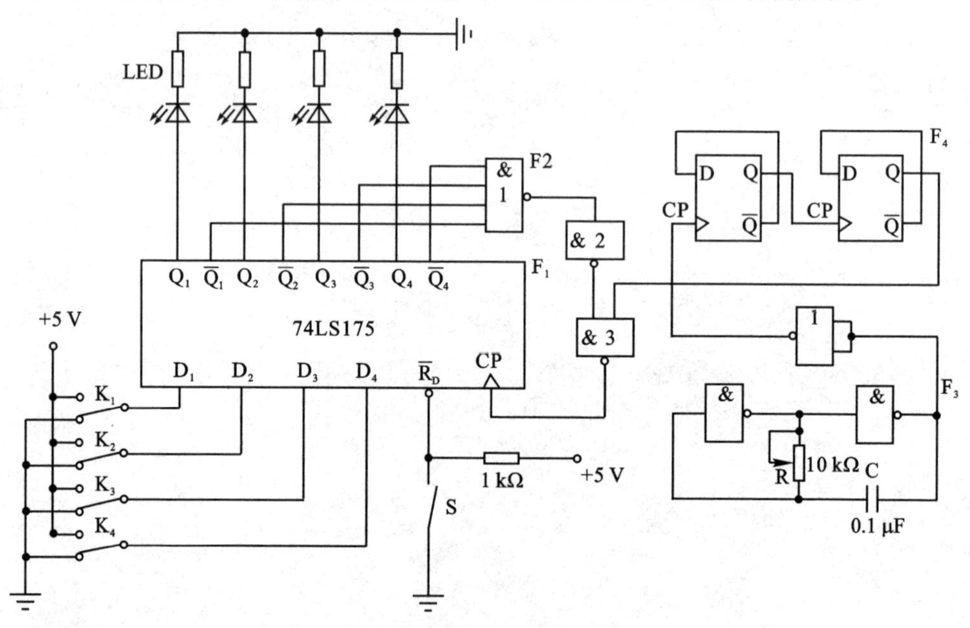

图13-1　四人智力竞赛抢答装置原理图

图13-1中F_1为四D触发器74LS175，它具有公共置0端和公共CP端；F_2为双4输入与非门74LS20；F_3是由74LS00组成的多谐振荡器；F_4是由74LS74组成的四分频电路，F_3、F_4组成抢答电路中的CP时钟脉冲源。

抢答开始时，由主持人清除信号，按下复位开关S，74LS175的输出 $Q_1 \sim Q_4$ 全为0，所有发光二极管LED均熄灭。当主持人宣布“抢答开始”后，首先作出判断的参赛者立即按下开关，对应的发光二极管点亮，同时，通过与非门 F_2 送出信号锁住其余三个抢答者的电路，不再接受其他信号，直到主持人再次清除信号为止。

三、实验设备与器件

1. +5 V直流电源。
2. 逻辑电平开关。
3. 逻辑电平显示。
4. 数字示波器。
5. 数字频率计。
6. 直流数字电压表。
7. 74LS175、74LS20、74LS74、74LS00。

四、实验内容

1. 测试各触发器及各逻辑门的逻辑功能，并判断各元器件的逻辑功能是否正常。

2. 按图13-1接线，抢答器五个开关接实验装置上的逻辑开关，发光二极管接逻辑电平显示。

3. 断开抢答器电路中CP脉冲源电路，单独对多谐振荡器 F_3 及分频器 F_4 进行调试，调整多谐振荡器10 kΩ电位器，使其输出脉冲频率约4 kHz，观察 F_3 及 F_4 输出波形并测试其频率。

4. 测试抢答器电路功能。接通+5 V电源，CP端接实验装置上连续脉冲源，取频率为1 kHz。

(1) 抢答开始前，开关 K_1、K_2、K_3、K_4 均置“0”，准备抢答，将开关S置“0”，发光二极管全熄灭，再将S置“1”。抢答开始，K_1、K_2、K_3、K_4 某一开关置“1”，观察发光二极管的亮、灭情况，然后再将其他三个开关中任一个置“1”，观察发光二极的亮、灭有否改变。

(2) 重复(1)的内容，改变 K_1、K_2、K_3、K_4 任一个开关状态，观察抢答器的工作情况。

(3) 整体测试。断开实验装置上的连续脉冲源，接入 F_3 及 F_4，再进行实验。

五、实验报告

1. 用Multisim画出完整的仿真电路图。
2. 分析智力竞赛抢答装置各部分功能及工作原理。
3. 总结数字系统的设计、调试方法。
4. 分析实验中出现的故障及解决方法。

实验十四

8 位流水灯电路的设计

一、实验目的

1. 复习双向移位寄存器逻辑功能及使用方法。

2. 利用移位寄存器设计制作一个 8 位流水灯电路。

二、实验原理

8 位流水灯总体框图如图 14－1 所示。

1. 编码发生器

编码发生器用两片 4 位通用移位寄存器 74LS194 实现。移位寄存器的 8 个输出信号送至 LED 灯，编码器中数据输入端和控制端的接法由流水灯动作决定。

2. 控制电路

控制电路为编码器提供所需的脉冲和控制信号，控制整个系统工作。

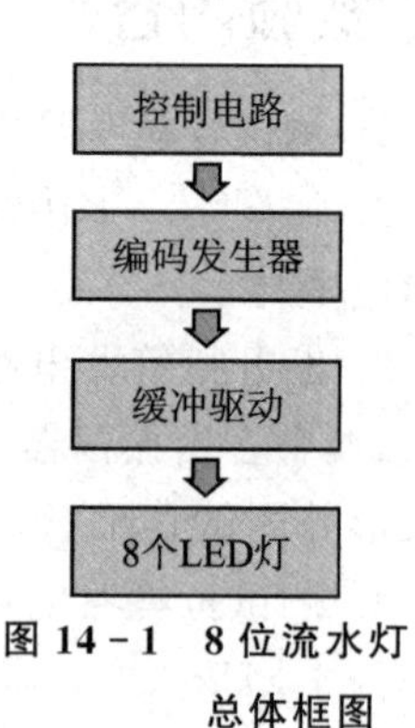

图 14－1　8 位流水灯总体框图

三、实验内容

1. 8 位流水灯动作由中间到两边对称依次亮起，全亮之后由中间向两边依次熄灭。

2. 8 位流水灯动作分为两部分，分别从左向右依次亮起，再从左向右依次熄灭。

上述两种方式体现在寄存器输出状态编码如表 14－1 所列。

表 14－1　寄存器输出状态编码表

脉冲序号	编码：Q_A Q_B Q_C Q_D Q_E Q_F Q_G Q_H	
	动作 1	动作 2
1	00000000	00000000
2	00011000	10001000
3	00111100	11001100
4	01111110	11101110

续表 14－1

脉冲序号	编码：Q_A Q_B Q_C Q_D Q_E Q_F Q_G Q_H	
	动作 1	动作 2
5	11111111	11111111
6	11100111	01110111
7	11000011	00110011
8	10000001	00010001
9	00000000	00000000

3. 8 位单向流水灯电路如图 14－2 所示，仅供参考。

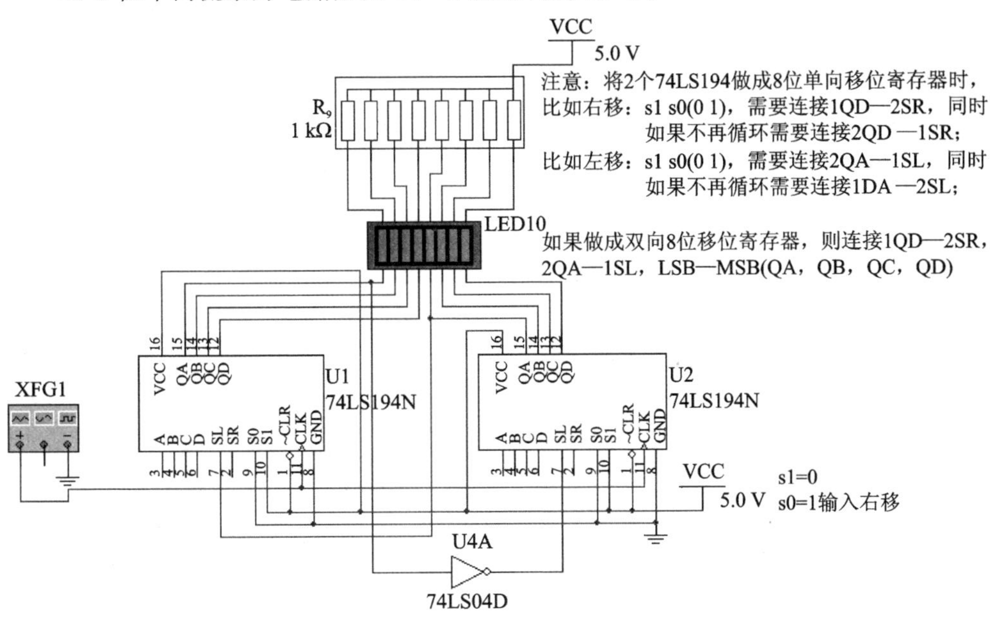

电路功能：RD 置 0 后，LED 亮，S1 S0(0 1)右移，用反相器将 1QA 输出反相送回 2SL，构成流水灯。

图 14－2　8 位单向流水灯电路

四、实验设备及器件

1. 单次脉冲源。
2. CC40194×2、74LS00。
3. 逻辑电平显示。

五、实验报告

1. 用 Multisim 画出完整的仿真电路图。
2. 总结实验过程中遇到的问题。
3. 设计一种新的流水灯动作。

第3章

设计性实验

实验十五

篮球竞赛 30 s 计时器的设计

一、实验目的

1. 加深理解 555 构成多谐振荡器和 74LS161 计数器的工作原理。
2. 了解七段字形数码显示器基本的应用和 74LS48 的工作原理。
3. 进一步理解 74LS00、74LS04 和 74LS192 的工作原理和充分利用。

二、实验原理

1. 篮球竞赛 30 s 计时器总体设计

篮球竞赛 30 s 计时器的总体方案框图如图 15－1 所示。它包括秒脉冲发生器、计数器、译码显示电路、报警电路和辅助时序控制电路(简称控制电路)五个模块组成。其中计数器和控制电路是系统的主要模块。计数器完成 30 s 计数功能,而控制电路完成计数器的直接清零、启动计数、暂停/连续计数、译码显示电路的显示、定时完成报警等功能。

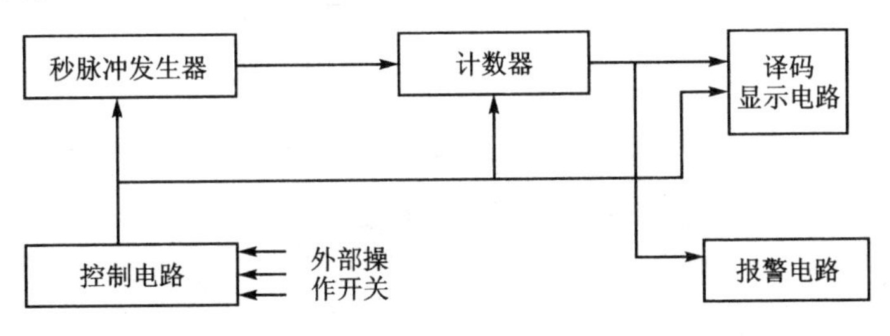

图 15－1　30 s 计时器的总体方案框图

2. 秒脉冲发生器设计原理

一般来说,振荡器的频率越高,计时精度越高。由于本次实验对精度要求不高,因此选择用 555 集成电路组成多谐振荡电路,产生 $f=10$ Hz 的周期性矩形脉冲波。555 集成电路组成多谐振荡电路原理图如图 15－2 所示。

用 74LS74 构成十进制计数器电路原理图如图 15－3 所示,当周期为 0.1 s 的脉冲信号由 CLK 端进入计数器时,每隔 10 个脉冲 74LS74 计数一次,所以从 RCO 输出端输出周期为 1 s 的脉冲信号,完成秒脉冲的设计。

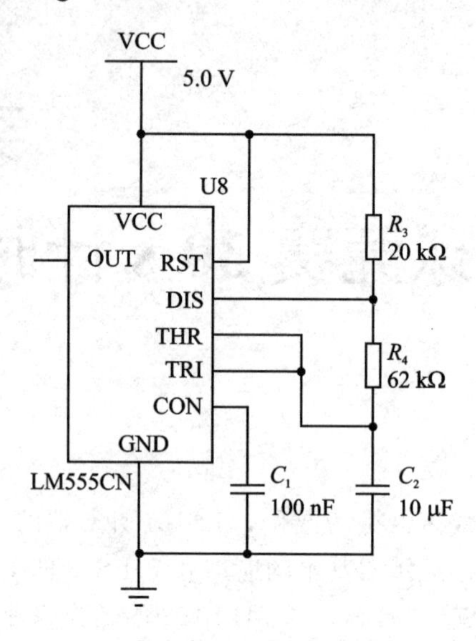

图 15-2　555 集成电路组成多谐振荡电路原理图

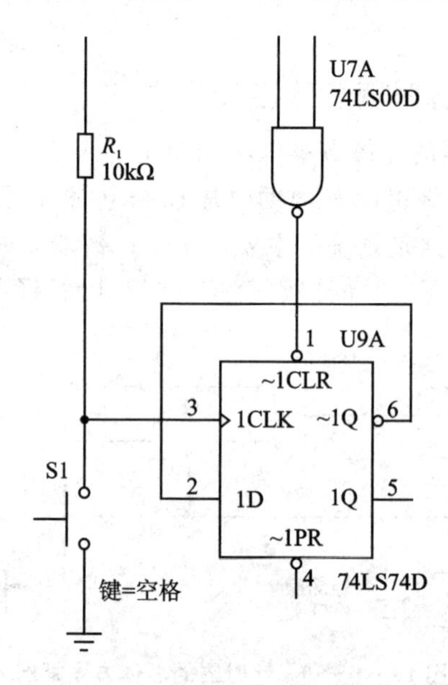

图 15-3　74LS74 构成十进制计数器电路原理图

3. 计数器设计原理

8421 的 BCD 码三十进制递减计数器由两片 74LS192 构成。74LS192 是十进制计数器，具有“异步清零”和“异步置数”的功能，且有进位和借位输出端。当需要进行多级扩展连接时，只要将前级的借位端接到下一级的 TCD 端，进位端接到下一级的 TCU 端即可。此计数器预置数为

$$N=(0011\ 0000)_{8421\ BCD}=(30)_{10}$$

它的计数原理是，只有当低位借位端发出负跳变借位脉冲时，高位计数器才做减1计数。当高、低位计数器全为0，且TCD为0时，计数器完成并行置数之后，在TCD端的输入时钟脉冲作用下，计数器进入下一轮循环减计数。8421 BCD码三十进制递减计数器电路原理图如图15－4所示。

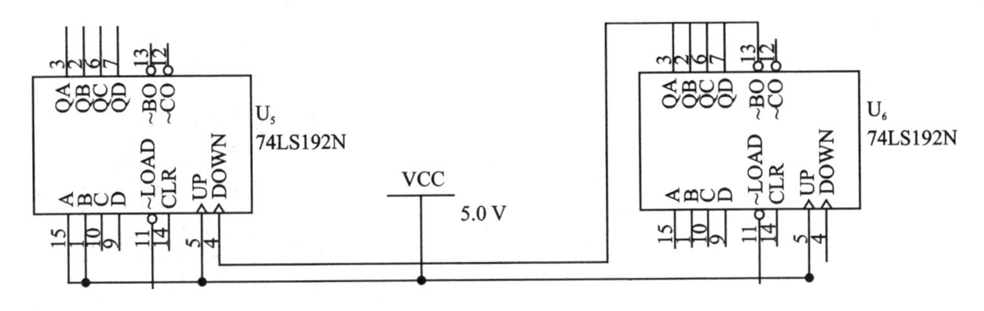

图 15－4 8421 BCD 码三十进制递减计数器电路原理图

4. 译码显示设计原理

用于驱动LED七段数码管的译码器是常用的74LS48D。74LS48D是专用于驱动LED七段共阳极显示数码管的译码器。若将计数器的每位输出分别接到相应七段译码器的输入端，便可进行不同数字的显示，从而达到30 s倒计时的显示效果。译码显示电路如图15－5所示。

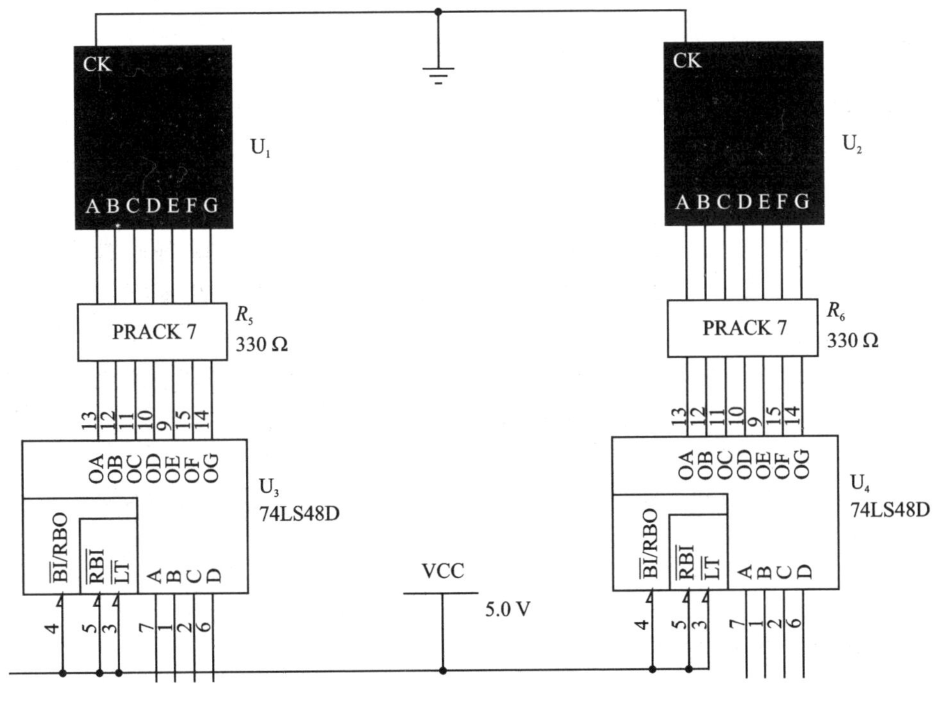

图 15－5 译码显示电路

5. 报警电路设计原理

篮球竞赛 30 s 计时器的报警电路如图 15－6 所示，使用两片计数器 74LS192 的借位输出端与图中的非门输入端相接，当两片计数器 74LS192 同时有借位输出时，即输出低电平时，LED 发光二极管导通发亮，蜂鸣器导通发出 800 Hz 的声音进行鸣叫，达到光电报警的目的。

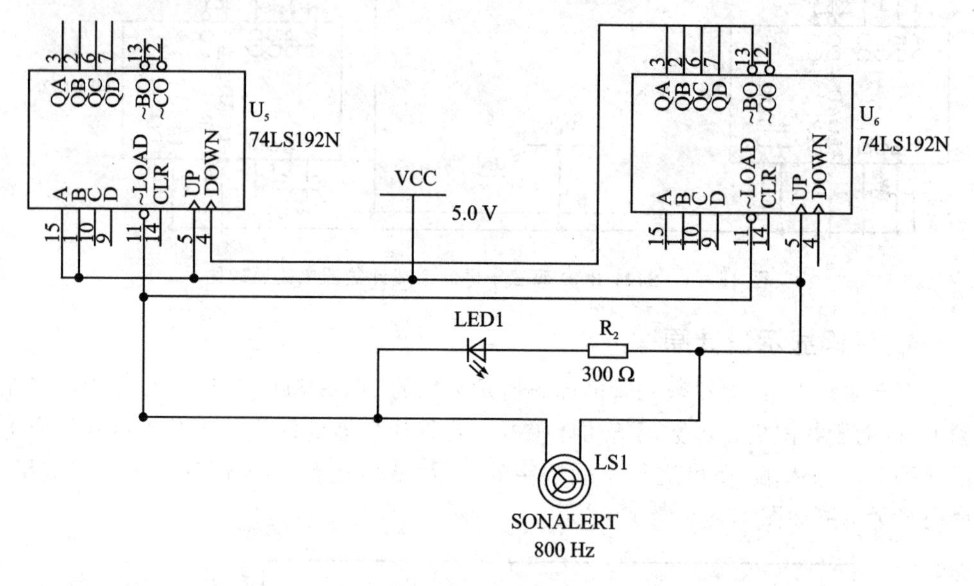

图 15－6　报警电路

6. 控制电路设计原理

篮球竞赛 30 s 计时器总体电路如图 15－7 所示，经过测试此控制电路可以完成以下功能：

（1）闭合“启动”开关，计数器应完成置数功能，经过 74LS48D 译码器驱动 LED 七段共阳极显示数码管，使数码管显示 30 s 的状态；断开“启动”开关，计数器开始进行递减计数。

（2）当“暂停/连续”开关处于“暂停”时，计数器暂停计数，数码管上的数字暂停不动；当此开关处于“继续”时，计数器继续累计计数，数码管上的数字恢复运行，从而实现计时暂停的效果。

（3）当计数器递减计数到零时，控制电路应发出报警信号，计数器保持零状态不变，同时报警电路（发光二极管）工作。

三、实验设备与器件

1. ＋5 V 直流电源。

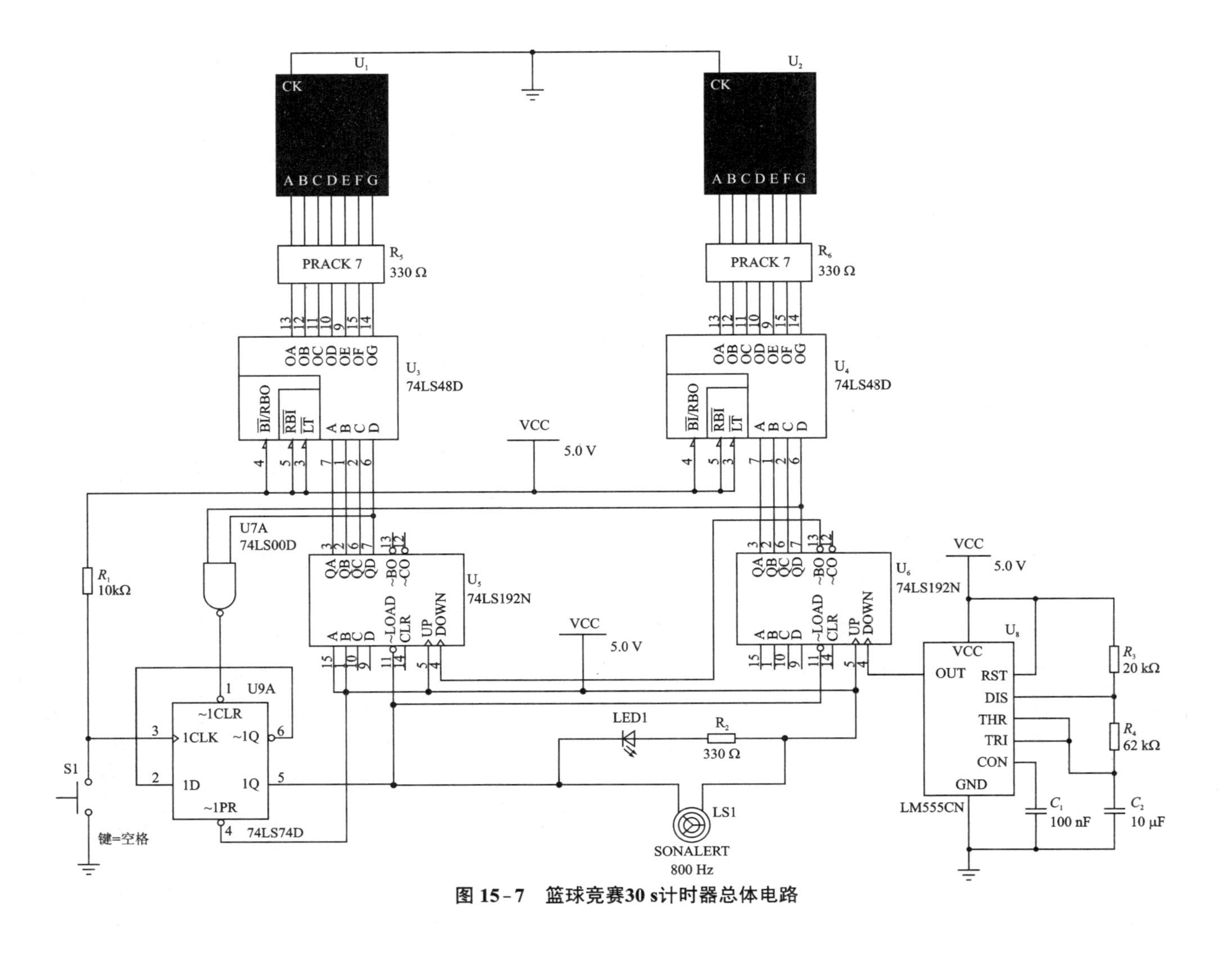

图 15-7　篮球竞赛30 s计时器总体电路

2. 双踪示波器。

3. 连续脉冲源。

4. 逻辑电平显示器。

5. 直流数字电压表。

6. 数字频率计。

7. 主要元器件如表 15－1 所列(供参考)。

表 15－1　元器件清单

元器件名称	数量(个/块)
74LS48(七段数码管译码器驱动器)	2
74LS192(十进制可逆计数器)	2
74LS161(同步加法计数器)	1
74LS00(2 输入端与非门)	2
74LS04(反相器)	1
NE555(时基集成电路)	1
共阳极数码管显示器	2
电阻、电容	若干

四、实验内容

具有数字显示的篮球竞赛 30 s 计时器的设计主要分为五个模块:时钟模块(即秒脉冲发生模块)、计数模块、译码显示模块、辅助时序控制模块(简称控制电路)和报警电路。

1. 根据图 15－7 搭建篮球竞赛 30 s 计时器整体电路。

2. 搭建脉冲发生电路部分,并用示波器测量输出信号,观察产生的脉冲是否为 10 Hz,记录波形数据。

3. 给定 30 个脉冲后观察系统是否正常显示。

4. 观察到阈值时报警电路是否正常工作。

5. 利用仿真软件对电路单元进行仿真,利用脉冲源替代脉冲发生电路进行仿真,尝试增设开关按钮来完成时间的调整、置位、清零和暂停。

五、实验报告

1. 分析篮球竞赛 30 s 计时器设计电路单元。

2. 阐明组装、调试步骤。

3. 说明调试过程中遇到的问题和解决方法。

4. 组装、调试篮球竞赛 30 s 计时器的心得体会。

实验十六

汽车尾灯控制电路的设计

一、实验目的

1. 设计一个汽车尾灯显示控制电路，实现对汽车尾灯状态的控制。

2. 利用 JK 触发器改制三进制的计数器和译码器。

3. 通过发光二极管模拟汽车尾灯来实现汽车在行驶时候的四种情况：正常行驶、左拐弯、右拐弯、临时刹车。

二、实验原理

假设汽车尾部左右两侧各有 3 个指示灯（用发光二极管代替），应使指示灯满足四个要求：

（1）汽车正常运行时指示灯全灭；

（2）右转弯时，右侧三个指示灯按右循环顺序点亮；

（3）左转弯时，左侧 3 个指示灯按左循环顺序点亮；

（4）临时刹车时所有指示灯同时闪烁。

1. 设计方案

设计方案主要有四个模块：脉冲发生电路、开关控制电路、三进制电路和译码驱动电路。通过把这四个模块组合连接来实现汽车尾灯控制。首先，通过 555 定时器构成的多谐振荡器产生脉冲信号，该脉冲信号用于提供给双 JK 触发器构成的三进制计数器和开关控制电路中的三输入与非门的输入信号。其次，双 JK 触发器构成的三进制计数器用于产生 00、01、10 的循环信号，此信号提供左转、右转的原始信号。最后，左转、右转的原始信号通过 6 个与非门以及 7410 提供的高低电位信号，将原始信号分别输出到左、右的 3 个汽车尾灯上。得到的信号即可输出到发光二极管上，实现所需功能。显示驱动电路由 6 个发光二极管和 6 个反相器构成，译码电路由 3 线-8 线译码器 74LS138 和 6 个与非门构成，构成控制反向电路使灯泡能够反向闪烁。尾灯与汽车运行状态表如表 16－1 所列。

2. 三进制计数器电路的设计

三进制计数器的状态表如表 16－2 所列。

表 16-1 尾灯与汽车运行状态表

开关控制		运行状态	左尾灯	右尾灯
K1	K0		D_1 D_2 D_3	D_4 D_5 D_6
0	0	正常行驶	灯灭	灯灭
0	1	右转弯	灯灭	按 D_4 D_5 D_6 顺序循环点亮
1	0	左转弯	按 D_3 D_2 D_1 顺序循环点亮	灯灭
1	1	临时刹车	所有的尾灯随时钟 CP 同时闪烁	

表 16-2 三进制计数器的状态表

现 态		次 态	
Q1	Q0	Q1	Q0
0	0	0	1
0	1	1	0
1	0	0	0
1	1	×	×

分析状态表后，由 JK 触发器构成的三进制计数器可采用一片双 JK 触发器 74LS76 芯片构成电路方案，电路结构简单、成本低，搭建的三进制计数器电路原理图如图 16-1 所示。

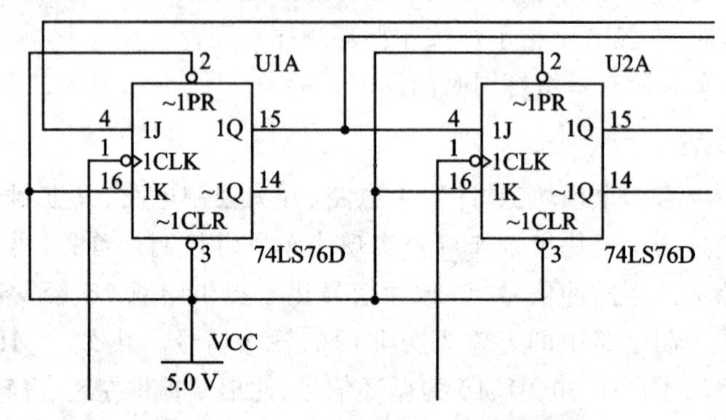

图 16-1 三进制计数器电路原理图

3. 开关控制电路的设计

开关控制电路由 74LS86D 集成芯片构成。设译码器与显示驱动电路的使能控制信号为 G 和 F，G 与译码器 74LS138D 的使能输入端 G1 相连接，F 与显示驱动电路中与非门的一个输入端相连接。由总体逻辑功能可知，G 和 F 与开关 S1、S2 以及时钟脉冲 CP 之间的关系如图 16-2 所示。G1 即为图 16-2 中 U3A 的输出信号，F 即为图 16-2 中 U4A 的输出信号。

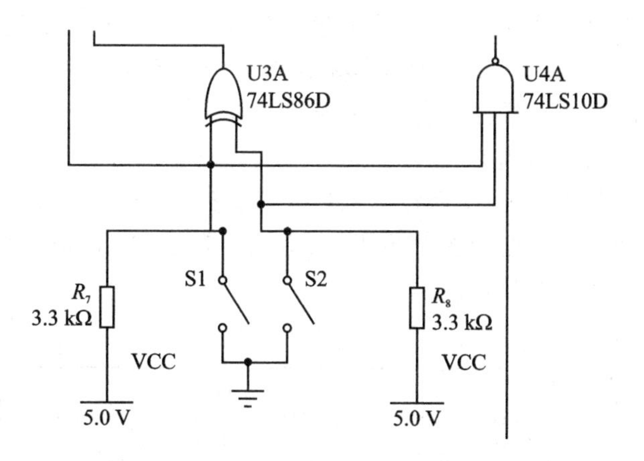

图 16－2　开关控制电路原理图

4. 尾灯状态显示电路的设计

尾灯状态显示电路由 6 个发光二极管和 6 个电阻组成，尾灯状态显示电路原理图如图 16－3 所示，当 6 个反相器的输出为低电平时，相应的发光二极管被点亮。

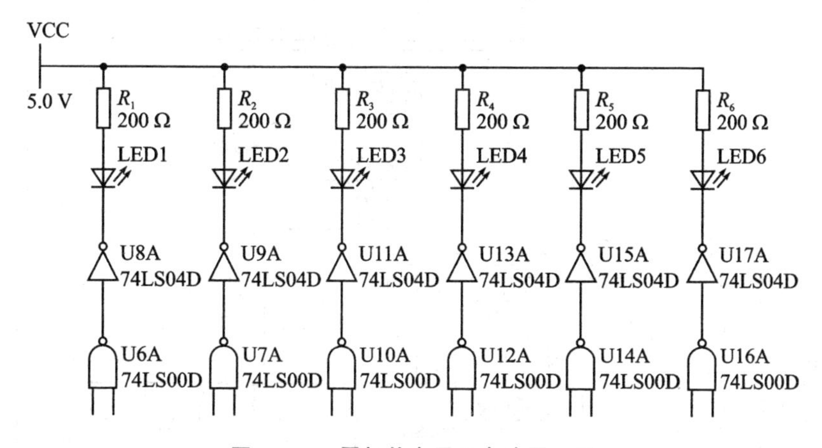

图 16－3　尾灯状态显示电路原理图

5. 译码与显示驱动电路的设计

由译码器构成的显示驱动电路如图 16－4 所示。该电路的整体功能是：在开关控制电路输出和三进制计数器状态的作用下，提供 6 个发光二极管 LED1～LED6 的控制信号，当译码驱动电路输出的控制信号为低电平时，相应的发光二极管点亮。译码与显示驱动电路整体由 1 片 74LS138D、6 个与非门 74LS00D 和 6 个反相器 74LS04D 构成。译码器 74LS138D 的输入端 A、B、C 分别连接到了 U1A 的 1Q 端、U2A 的 1Q 端和 U3A 的输入端(同样也是开关 S1 的输出端)。

当 S1＝0 且 S2＝1 时，三进制计数器的 Q1、Q0 为 00、01、10，译码器输出依次为 0，使得与指示灯 LED4、LED5、LED6 对应的反相器输出依次为低电平，从而使指示

灯 LED4、LED5、LED6 依次顺序点亮，示意汽车右转弯；当 S1＝1 且 S2＝0 时，三进制计数器的 Q1、Q0 为 00、01、10，译码器输出依次为 0，使得与指示灯 LED1、LED2、LED3 对应的反相器输出依次为低电平，从而使指示灯 LED1、LED2、LED3 依次顺序点亮，示意汽车左转弯；当 S1＝0 且 S2＝0 时，译码器输出为全 1，使所有指示灯对应的反相器输出全部为高电平，所以指示灯全部熄灭；当 S1＝1 且 S2＝1 时，使所有指示灯对应的反相器输出全部为高电平，所有指示灯随 CP 的频率闪烁。实现了四种不同模式下的尾灯状态显示。

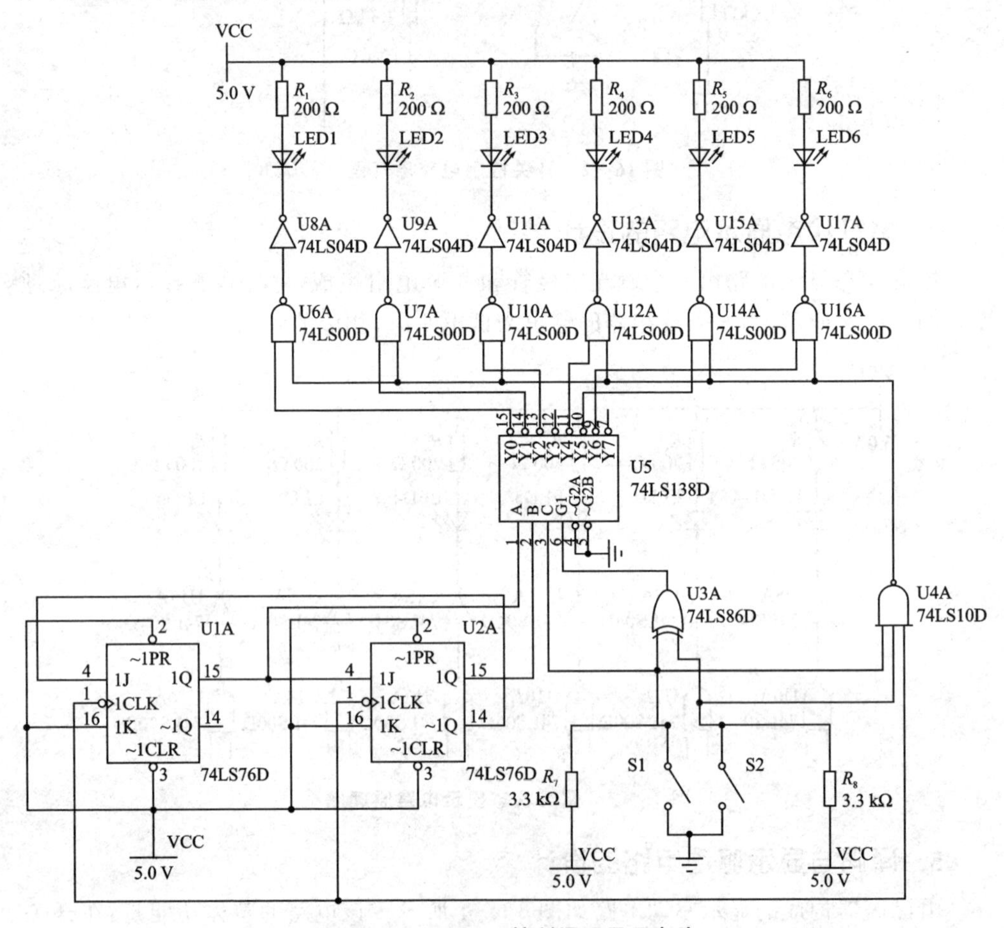

图 16－4　74LS138 控制译码显示电路

三、实验设备与器件

1. ＋5 V 直流电源。
2. 双踪示波器。
3. 连续脉冲源。
4. 逻辑电平显示器。

5. 直流数字电压表。

6. 数字频率计。

7. 主要元器件如表16-3所列(供参考)。

表16-3 元器件清单

元器件名称	数量(个/块)
LM555(时基集成电路)	1
74LS00(2输入端与非门)	6
74LS04(六组反相器)	1
74LS10(3输入与非门)	1
74LS138(3线-8线译码器)	1
74LS76(双JK触发器)	2
74LS86(2输入端四异或门)	1
发光二极管	若干
电阻、电容	若干

四、实验内容

1. 通过555定时器构成的多谐振荡器产生频率为2 Hz的脉冲信号,该脉冲信号用于提供给双JK触发器构成的三进制计数器和开关控制电路中的3输入与非门的输入信号。

2. 双JK触发器构成的三进制计数器用于产生00、01、10的循环信号,作为译码器的输入信号,由于译码器是三个输入端,最高位C接S1,当S1闭合时,C=0,为低电平,前三个发光二极管可以被点亮;当S1打开时,C=1,为高电平,后三个发光二极管可以被点亮。

3. 由开关控制部分的S1和S2来控制给出左转、右转的原始信号。当S1=0且S2=1时,示意汽车右转弯;当S1=1且S2=0时,示意汽车左转弯;当S1=0且S2=0时,指示灯全部熄灭;当S1=1且S2=1时,所有指示灯随CP的频率闪烁。实现了4种不同模式下的尾灯状态显示。

五、实验报告

1. 在电子技术综合实验仪上连接总体电路。

2. 电路安装与调试,检验、修正电路的设计方案,记录实验现象。

3. 说明调试过程中遇到的问题和解决方法。

4. 编写实验报告,总结收获及体会。

实验十七

数字电子钟的设计

一、实验目的

1. 了解数字电子钟的组成及工作原理。
2. 熟悉数字电子钟的设计与制作。
3. 设计一个时钟显示功能，其中时为二十四进制，分、秒为六十进制。
4. 设计一个电路实现时分、秒校准功能。

二、实验原理

1. 数字电子钟整体框架及单元组成

数字电子钟的原理框图如图 17-1 所示。其工作原理为：接通电源后，秒计数到 60 后，对分计数器送入一个脉冲，进行分计数；分计数到 60 后，对时计数器送入一个脉冲，时计数器是二十四进制计数器，实现对一天 24 小时计数。电子钟的显示由计数器、译码器经数码管实现。校准电路分为时校准、分校准和秒校准，分别由开关控制。

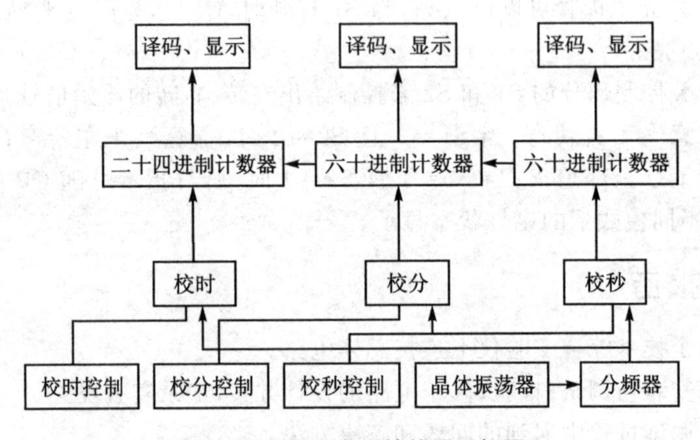

图 17-1　数字电子钟的原理框图

2. 二十四进制计数器单元电路设计及分析

74LS90 是异步计数器，要做八进制的就先把 74LS90 接成十进制的（CP1 与 Q0

接，以 CP0 做输入，Q3 做输出就是十进制的），然后用异步置数跳过一个状态达到八进制计数。以从 000 计到 111 为例，先接成加法计数状态，在输出为 1 000 时（即 Q4 为高电平时）把 Q4 输出接到 R01 和 R02 脚上（即异步置 0），此时当计数到 1 000 时则立刻置 0，重新从 0 开始计数，1 000 的状态为瞬态。本实验中利用两片 74LS90 芯片构成二十四进制计数器，一片构成二进制计数器，一片构成四进制计数器。

二十四进制计数器电路原理图如图 17－2 所示。74LS90 芯片清零是由两个清零端控制的，所以当第 24 个脉冲到来时，第 1 片 74LS90 芯片的 QB 为高电平，第 2 片 74LS90 芯片的 QB 为高电平，让第 1 片 74LS90 芯片的 QB 与两片芯片的 RO1 相连，让第 2 片 74LS90 芯片的 QC 与两片芯片的 RO2 相连，当第 24 个脉冲到来时就会进行异步清零。如此循环构成二十四进制计数器。

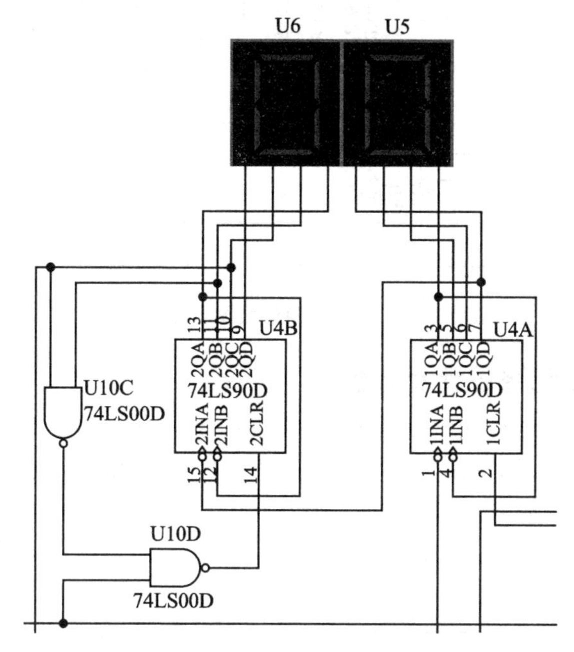

图 17－2　二十四进制计数器电路原理图

3. 六十进制计数器单元电路设计及分析

六十进制计数器电路原理图如图 17－3 所示。利用两片 74LS90 芯片连接成一个六十进制电路，电路可从 0～59 显示，第 1 片 74LS90 芯片构成十进制计数器，第 2 片 74LS90 芯片构成六进制计数器。74LS90 具有异步清零功能。在第 1 片 74LS90 构成的十进制计数器中，当第 10 个脉冲到来时，此时该芯片的四级触发器的状态为“1001”，该芯片就会自动清零，同时给第 2 片 74LS90 构成的六进制计数器进一，第 6 个脉冲进位到来时，此时第 2 片 74LS90 芯片的触发器的状态为“0110”，QB、QC 均为高电平，将 QB 与 RO1 相连，将 QC 与 RO2 相连，就会进行异步清零。如此循环就会构成六十进制计数器。

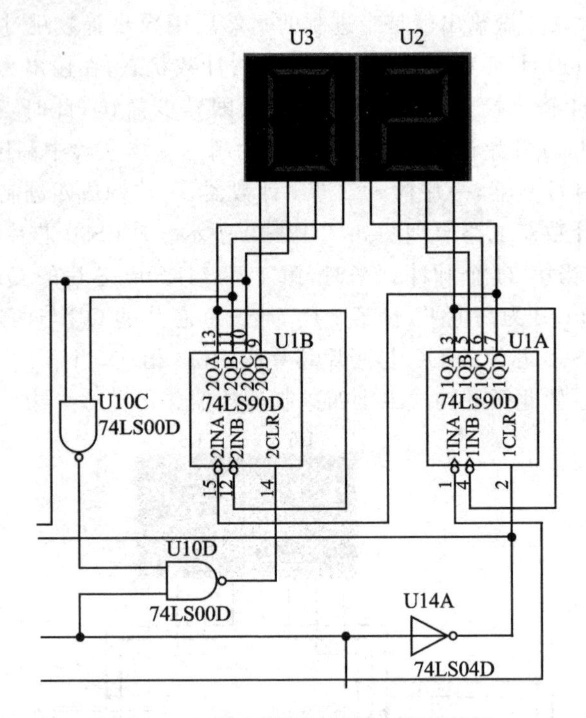

图 17-3　六十进制计数器电路原理图

4. 校准单元电路设计及分析

校准电路原理图如图 17-4 所示。数字电子钟电路由于秒信号的精确性和稳定性不可能做到准确无误,又因为电路中其他的原因,数字电子钟总会产生走时误差的现象,所以电路中就应该有校准时间功能的电路。在实验中校准电路用的是一个 RS 基本触发器的单刀双置开关,每搬动开关一次,产生一个计数脉冲,实现校准功能。

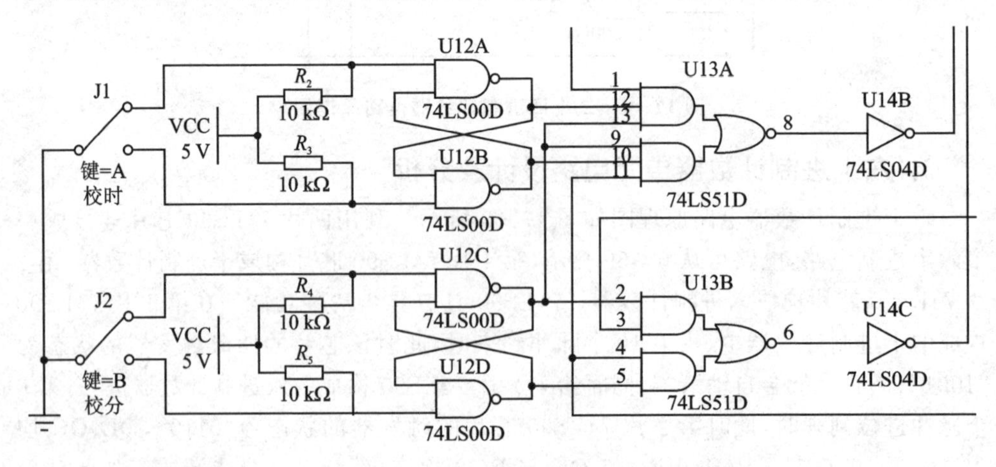

图 17-4　校准电路原理图

5. 整体电路设计

数字电子钟的整体电路原理图如图 17-5 所示。结合以上各电路单元，利用两个六十进制单元和一个二十四进制单元连接成一个时、分、秒进位，实现对一天 24 小时计数显示。电子钟的显示由计数器、译码器经数码管实现。校准电路分为时校准、分校准和秒校准，分别由开关控制。

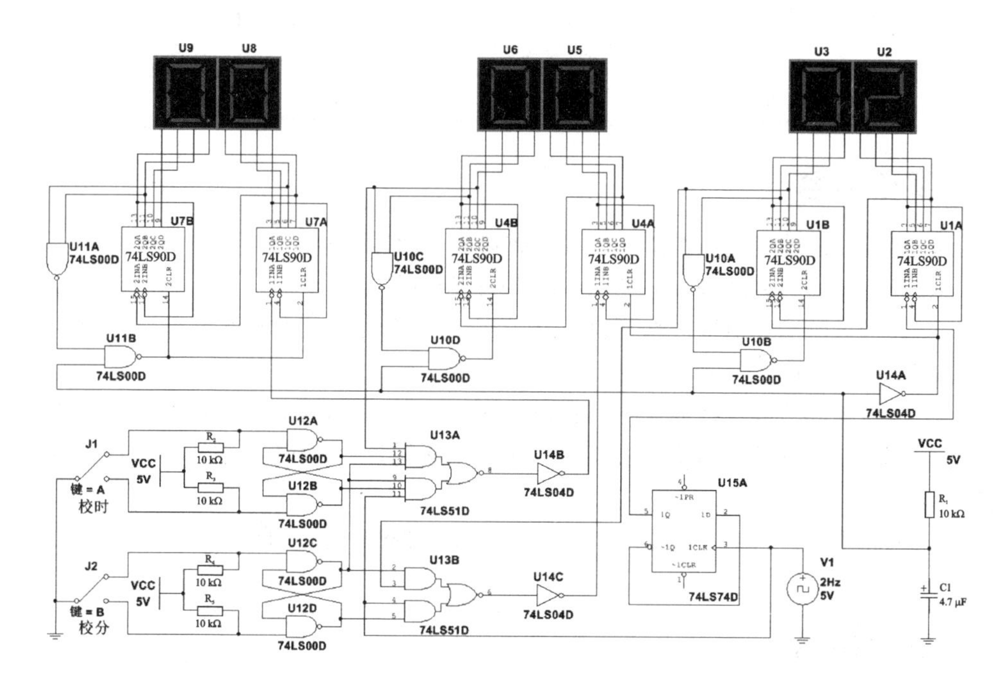

图 17-5 数字电子钟整体电路原理图

三、实验设备与器件

1. +5 V 直流电源。
2. 双踪示波器。
3. 连续脉冲源。
4. 逻辑电平显示器。
5. 直流数字电压表。
6. 数字频率计。
7. 主要元器件如表 17-1 所列(供参考)。

表 17－1　元器件清单

元器件名称	数量(个/块)
74LS90D(计数器)	6
LM555CM(定时器时基芯片)	1
74LS00(与非门)	6
共阴/共阳极数码管显示器	6
电阻、电容	若干

四、实验内容

1. 用示波器观察晶体振荡器分频后获得的秒脉冲信号。

2. 计数器的清零端接高电平,观察数码管闲时是否为零。

3. 计数器的清零端接低电平,打开校准电路的开关J1、J2,观察数码管显示的数字是否都是对秒脉冲进行计数。

4. 计数器的清零端接地,断开校准电路和计数器的连接,把秒脉冲直接加到秒计数器的输入端,观察秒和分计数器是否为六十进制计数,时计数器是否为二十四进制计数。

5. 电路重新连接好,计数器清零端接地,调试整个电路,直到时钟能够准确计时、校准。

五、实验报告

1. 准确计时,以数字形式显示时、分、秒。

2. 阐明组装、调试步骤。

3. 说明调试过程中遇到的问题和解决的方法。

实验十八
数字频率计的设计

一、实验目的

1. 了解七段共阳极数码管的工作原理。
2. 熟悉常用数字集成电路的功能和使用。
3. 熟悉 555 时基电路的搭建及运用。
4. 掌握频率信号的测量方法。
5. 合理选型搭建电路，最终设计一个 10～9 999 Hz 的数字频率计。

二、实验原理

数字频率计的主要功能是测量周期信号的频率。数字频率计用于测量信号(方波、正弦波或其他脉冲信号)的频率，并用十进制数字显示。它具有精度高，测量迅速，读数方便等优点。

脉冲信号的频率就是在单位时间内所产生的脉冲个数，其表达式为 $f=N/T$，其中 f 为被测信号的频率，N 为计数器所累计的脉冲个数，T 为产生 N 个脉冲所需的时间。计数器所记录的结果，就是被测信号的频率。如在 1 s 内记录 1 000 个脉冲，则被测信号的频率为 1 000 Hz。

本实验课题仅讨论一种简单易制的数字频率计，其原理框图如图 18-1 所示。

晶振产生较高的标准频率，经分频器后可获得各种时基脉冲(1 ms，10 ms，0.1 s，1 s 等)，时基信号的选择由开关 S_2 控制。被测频率的输入信号经放大整形后变成矩形脉冲加到主控门的输入端，如果被测信号为方波，放大整形可以不要，将被测信号直接加到主控门的输入端。时基信号经控制电路产生闸门信号至主控门，只有在闸门信号采样期间内(时基信号的一个周期)，输入信号才通过主控门。若时基信号的周期为 T，进入计数器的输入脉冲数为 N，则被测信号的频率 $f=N/T$，改变时基信号的周期 T，即可得到不同的测频范围。当主控门关闭时，计数器停止计数，显示器显示记录结果。此时控制电路输出一个置零信号，经延时、整形电路的延时，当达到所调节的延时时间时，延时电路会输出一个复位信号，使计数器和所有的触发器置 0，为后续新的一次取样作好准备，即能锁住一次显示的时间，使保留到接受新的一次取样为止。

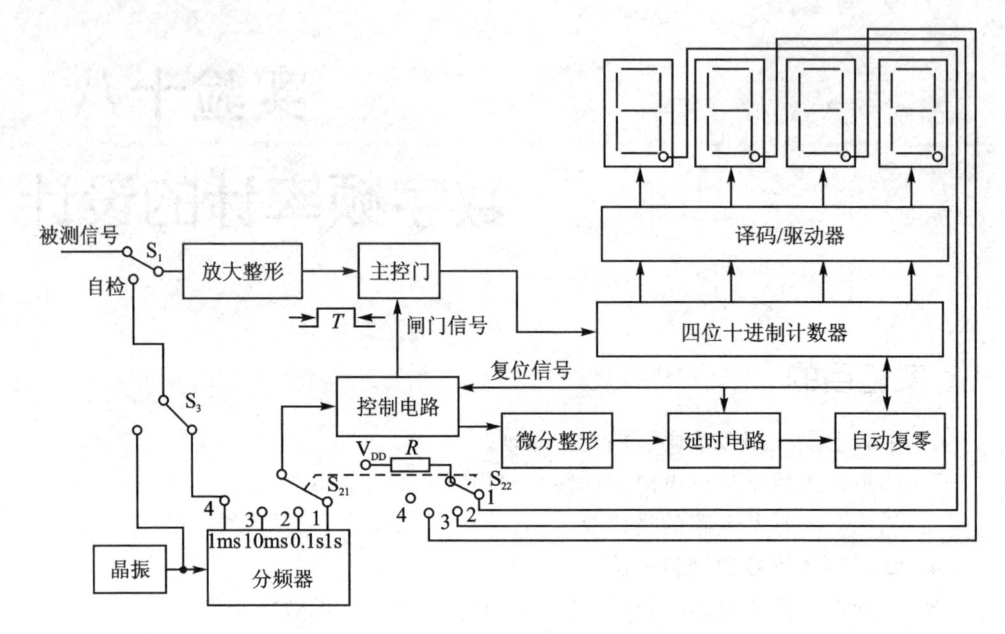

图 18-1　数字频率计原理框图

当开关 S_2 改变量程时，小数点能自动移位。

若开关 S_1，S_3 配合使用，可将测试状态转为“自检”工作状态(即用时基信号本身作为被测信号输入)。

1. 控制电路

主控电路由双 D 触发器 CC4013 及与非门 CC4011 构成。CC4013(a)的任务是输出闸门控制信号，以控制主控门 2 的开启与关闭。如果通过开关 S_2 选择一个时基信号，当给与非门 1 输入一个时基信号的下降沿时，与非门 1 就输出一个上升沿，则 CC4013(a)的 Q_1 端就由低电平变为高电平，将主控门 2 开启。允许被测信号通过该主控门并送至计数器输入端进行计数。相隔 1 s(或 0.1 s，10 ms，1 ms)后，又给与非门 1 输入一个时基信号的下降沿，与非门 1 输出端又产生一个上升沿，使 CC4013(a)的 Q_1 端变为低电平，将主控门 2 关闭，使计数器停止计数。同时，$\overline{Q}_1$ 端产生一个上升沿，使 CC4013(b)翻转成 $Q_2=1$，$\overline{Q}_2=0$。由于 $\overline{Q}_2=0$，它会立即封锁与非门 1 不再让时基信号进入 CC4013(a)，保证在显示读数的时间内 Q_1 端始终保持低电平，使计数器停止计数。控制电路及主控门电路原理图如图 18-2 所示。

利用 Q_2 端的上升沿送到下一级的延时、整形单元电路。当到达所调节的延时时间时，延时电路输出端立即输出一个正脉冲，将计数器和所有 D 触发器全部置 0。复位后，$Q_1=0$，$\overline{Q}_1=1$，为下一次测量作好准备。当时基信号又产生下降沿时，则上述过程重复。

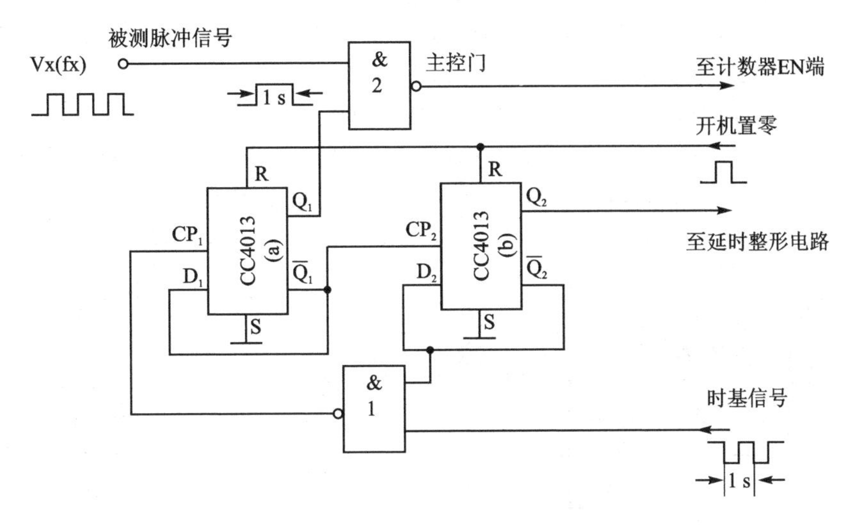

图 18－2　控制电路及主控门电路原理图

2. 微分整形电路

微分整形电路原理图如图 18－3 所示。CC4013(b)的 Q_2 端所产生的上升沿经微分电路后，送到由与非门 CC4011 组成的施密特整形电路的输入端，在其输出端可得到一个边沿十分陡峭且具有一定脉冲宽度的负脉冲，然后再送至下一级延时电路。

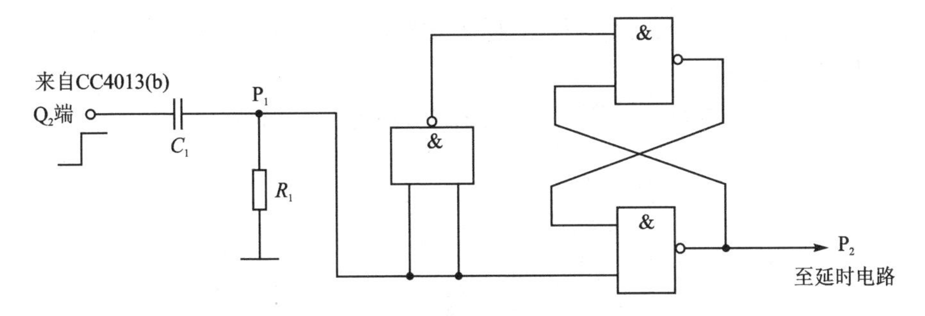

图 18－3　微分整形电路原理图

3. 延时电路

延时电路由 D 触发器 CC4013(c)、积分电路(由电位器 R_{W1} 和电容器 C_2 组成)、非门 3 以及单稳态电路所组成，如图 18－4 所示。由于 CC4013(c)的 D_3 端接 V_{DD}，因此，在 P_2 点所产生的上升沿作用下，CC4013(c)翻转，翻转后 $\overline{Q}_3=0$，由于开机置“0”时或门 1（见图 18－5)输出的正脉冲将 CC4013(c)的 Q_3 端置“0”，因此 $\overline{Q}_3=1$，经二极管 2AP9 迅速给电容 C_2 充电，使 C_2 端的电压达“1”电平，而此时 $\overline{Q}_3=0$，电容器 C_2 经电位器 R_{W1} 缓慢放电。当电容器 C_2 上的电压放电降至非门 3 的阈值电平 V_T 时，非门 3 的输出端立即产生一个上升沿，触发下一级单稳态电路。此时，P_3 点输出一个正脉冲,该脉冲宽度主要取决于时间常数 $R_t \cdot C_t$ 的值,延时时间为上一级电路的延时时间与这一级延时时间之和。

由实验求得,如果电位器 R_{W1} 用 510 Ω 的电阻代替,C_2 取 3 μF,则总的延迟时间也就是显示器所显示的时间为 3 s 左右。如果电位器 R_{W1} 用 2 MΩ 的电阻取代,C_2 取 22 μF,则显示时间可达 10 s 左右。可见,调节电位器 R_{W1} 可以改变显示时间。

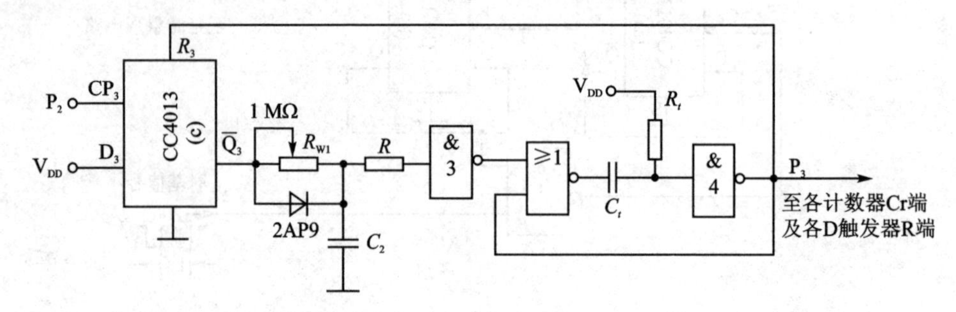

图 18-4 延时电路原理图

4. 自动清零电路

P_3 点产生的正脉冲送到图 18-5 所示的或门组成的自动清零电路,将各计数器及所有的触发器置零。在复位脉冲的作用下,$Q_3=0$,$\overline{Q}_3=1$,于是 $\overline{Q}_3$ 端的高电平经二极管 2AP9 再次对电容 C_2 充电,补上刚才放掉的电荷,使 C_2 两端的电压恢复为高电平,又因为 CC4013(b)复位后使 Q_2 再次变为高电平,所以与非门 1 又被开启,电路重复上述变化过程。

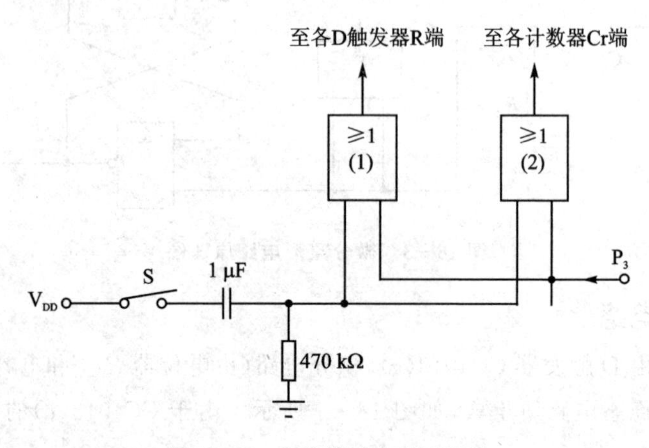

图 18-5 自动清零电路原理图

三、实验设备与器件

1. +5 V 直流电源。
2. 双踪示波器。

3. 连续脉冲源。
4. 逻辑电平显示器。
5. 直流数字电压表。
6. 数字频率计。
7. 主要元器件如表 18－1 所列(供参考)。

表 18－1　元器件清单

元器件名称	数量(个/块)
CC4518(二-十进制同步计数器)	4
CC4553(三位十进制计数器)	2
CC4013(双 D 型触发器)	2
CC4011(四 2 输入与非门)	2
CC4069(六反相器)	1
CC4001(四 2 输入或非门)	1
CC4071(四 2 输入或门)	1
2AP9(二极管)	1
共阴/共阳极数码管显示器	6
电位器(1 MΩ)	1
电阻、电容	若干

四、实验内容

使用中、小规模集成电路设计与制作一台简易的数字频率计。应具有下述功能：

1. 位　数

4 位十进制数，计数位数主要取决于被测信号频率的高低，如果被测信号频率较高，精度又较高，可相应增加显示位数。

2. 量　程

第 1 档：最小量程档，最大读数是 9.999 kHz，闸门信号的采样时间为 1 s。

第 2 档：最大读数为 99.99 kHz，闸门信号的采样时间为 0.1 s。

第 3 档：最大读数为 999.9 kHz，闸门信号的采样时间为 10 ms。

第 4 档：最大读数为 9 999 kHz，闸门信号的采样时间为 1 ms。

3. 显示方式

(1) 用七段 LED 数码管显示读数，做到显示稳定、不跳变。

(2) 小数点的位置跟随量程的变更而自动移位。

(3) 为了便于读数，要求数据显示的时间在 0.5～5 s 内连续可调。

4. 具有自检功能。

5. 被测信号为方波信号。

6. 画出设计的数字频率计的电路总图。

7. 组装和调试

(1) 时基信号通常使用石英晶体振荡器输出的标准频率信号,然后经分频电路获得。为了实验调试方便,可用实验设备上脉冲信号源输出的 1 kHz 方波信号经 3 次 10 分频获得。

(2) 按设计的数字频率计逻辑图在实验装置上布线。

(3) 用 1 kHz 方波信号送入分频器的 CP 端,用数字频率计检查各分频级的工作是否正常。用周期为 1 s 的信号作控制电路的时基信号输入,用周期等于 1 ms 的信号作被测信号,用示波器观察和记录控制电路输入、输出波形,检查控制电路所产生的各控制信号能否按正确的时序要求控制各个子系统。用周期为 1 s 的信号送入各计数器的 CP 端,用发光二极管指示检查各计数器的工作是否正常。用周期为 1 s 的信号作延时、整形单元电路的输入,用两只发光二极管作指示,检查延时、整形单元电路的输入,检查延时、整形单元电路的工作是否正常。若各个子系统的工作都正常了,再将各子系统连起来统调。

五、实验报告

1. 阐明组装、调试步骤。

2. 说明调试过程中遇到的问题和解决的方法。

3. 组装、调试数字频率计的心得体会。

4. 附上设计实物图片,以及仿真图。

注意:

若测量的频率范围低于 1 MHz,分辨率为 1 Hz,建议采用如图 18 - 6 所示的电路,只要选择参数正确,连线无误,通电后即能正常工作,无需调试。有关它的工作原理留给同学们自行研究分析。

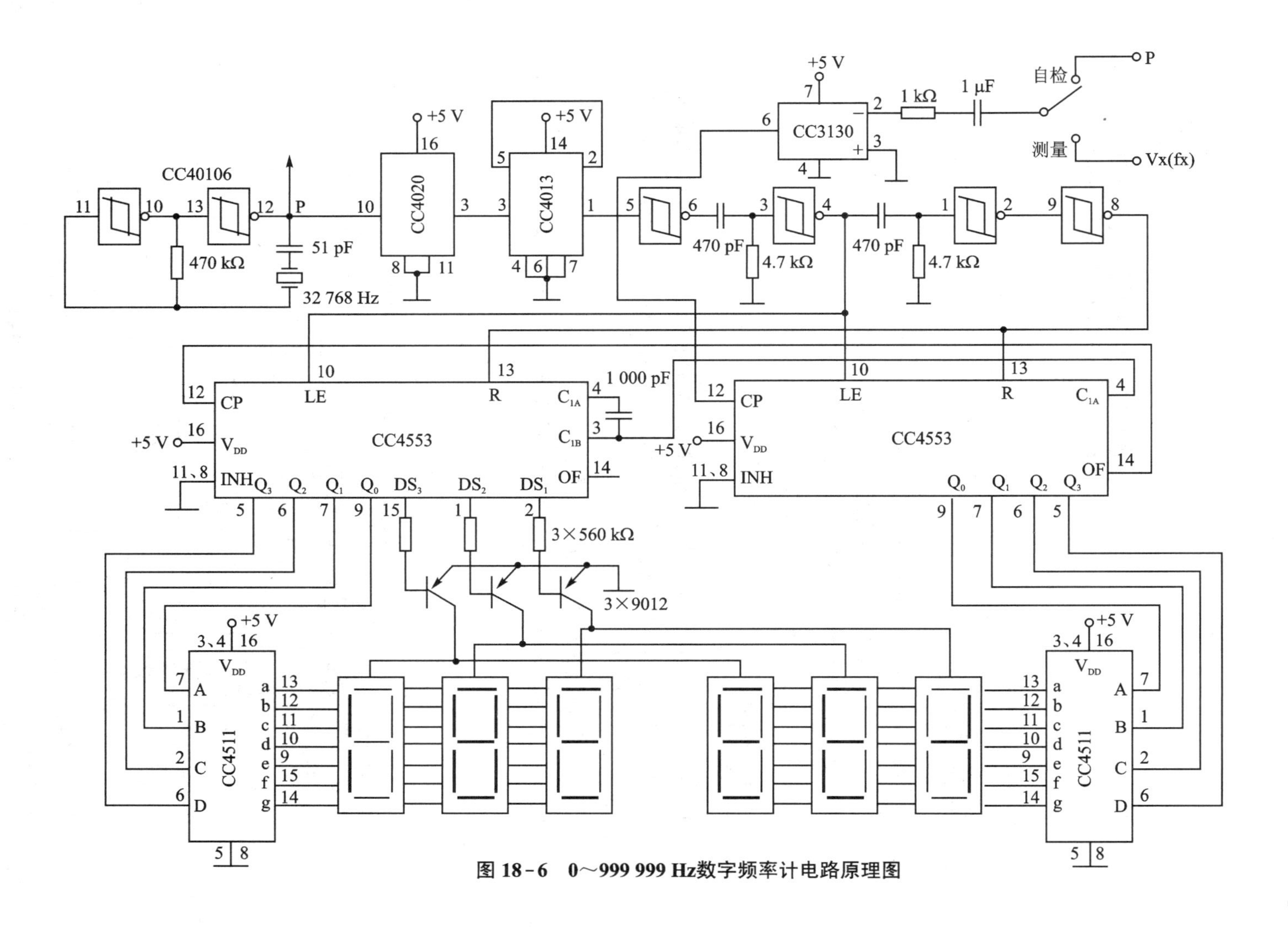

图 18-6　0～999 999 Hz数字频率计电路原理图

实验十九

数字电压表的设计

一、实验目的

1. 了解双积分式 A/D 转换器的工作原理。

2. 熟悉 A/D 转换器 MC14433 的性能及其引脚功能。

3. 掌握用 MC14433 构成直流数字电压表的方法。

4. 设计一个具有三位的十进制数字显示电压表。

二、实验原理

直流数字电压表的核心器件是一个间接型 A/D 转换器，它首先将输入的模拟电压信号变换成易于准确测量的时间量，然后在这个时间宽度里用计数器计时，计数结果就是正比于输入模拟电压信号的数字量。

1. V－T 变换型双积分 A/D 转换器

图 19－1 所示是双积分 ADC 的控制逻辑框图。它由积分器（包括运算放大器

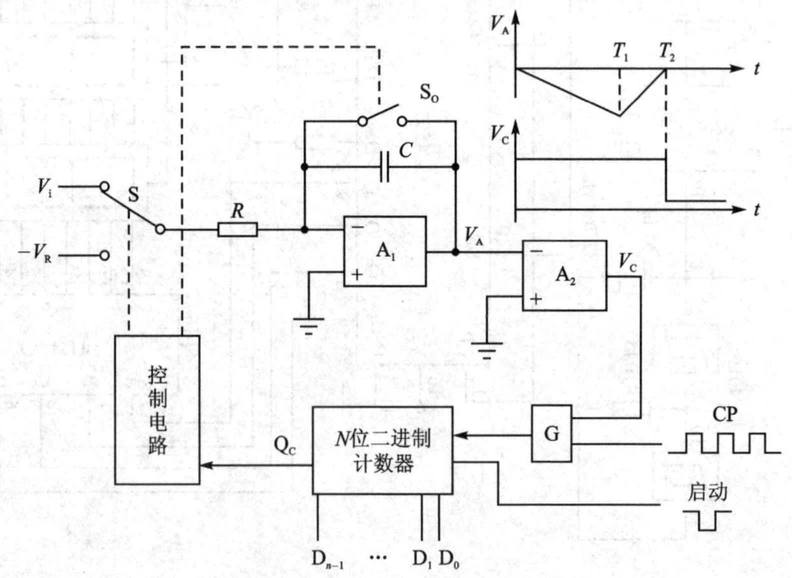

图 19－1 双积分 ADC 控制逻辑框图

A_1 和 RC 积分网络)、过零比较器 A_2、N 位二进制计数器、开关控制电路、门控电路、参考电压 V_R 与时钟脉冲源 CP 组成。

转换开始前,先将计数器清零,并通过控制电路使开关 S_O 接通,将电容 C 充分放电。由于计数器进位输出 $Q_C=0$,控制电路使开关 S 接通 V_i,模拟电压与积分器接通;同时,门 G 被封锁,计数器不工作。积分器输出 V_A 线性下降,经过零比较器 A_2 获得一方波 V_C,打开门 G,计数器开始计数,当输入 $2n$ 个时钟脉冲后 $t=T_1$,各触发器输出端 $D_{n-1}\sim D_0$ 由 111…1 回到 000…0,其进位输出 $Q_C=1$,作为定时控制信号,通过控制电路将开关 S 转换至基准电压源 $-V_R$,积分器向相反方向积分,V_A 开始线性上升,计数器重新从 0 开始计数,直到 $t=T_2$,V_A 下降到 0,比较器输出的正方波结束,此时计数器中暂存二进制数字就是 V_i 相对应的二进制数码。

2. 三位半双积分 A/D 转换器 CC14433 的性能特点

CC14433 是 CMOS 双积分式三位半 A/D 转换器,它是将构成数字和模拟电路的约 7 700 多个 MOS 晶体管集成在一个硅芯片上,芯片有 24 只引脚,采用双列直插式,其引脚排列如图 19-2 所示,引脚名称及功能说明如表 19-1 所列。

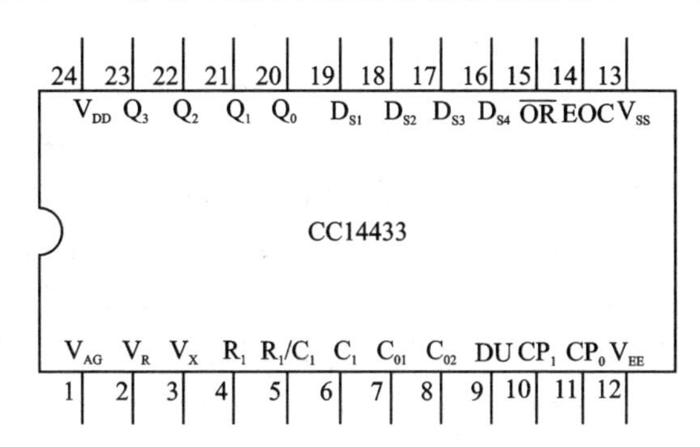

图 19-2 CC14433 引脚排列

表 19-1 CC14433 引脚功能说明

引　脚	引脚功能
V_{AG}(1 脚)	被测电压 V_X 和基准电压 V_R 的参考地
V_R(2 脚)	外接基准电压(2 V 或 200 mV)输入端
V_X(3 脚)	被测电压输入端
R_1(4 脚) R_1/C_1(5 脚) C_1(6 脚)	外接积分阻容元件端 $C_1=0.1\ \mu F$(聚酯薄膜电容器),$R_1=470\ k\Omega$(2 V 量程);$R_1=27\ k\Omega$(200 mV 量程)
C_{01}(7 脚) C_{02}(8 脚)	外接失调补偿电容端,典型值 0.1 μF
DU(9 脚)	实时显示控制输入端。若与 EOC(14 脚)端连接,则每次 A/D 转换均显示

续表 19-1

引　脚	引脚功能
CP_1(10 脚) CP_0(11 脚)	时钟振荡外接电阻端，典型值为 470 kΩ
V_{EE}(12 脚)	电路的电源最负端，接－5 V
V_{SS}(13 脚)	除 CP 外所有输入端的低电平基准(通常与 1 脚连接)
EOC(14 脚)	转换周期结束标记输出端，每一次 A/D 转换周期结束，EOC 输出一个正脉冲，宽度为时钟周期的二分之一
$\overline{OR}$(15 脚)	过量程标志输出端，当 $\|V_X\|>V_R$ 时，$\overline{OR}$ 输出为低电平
$DS_4\sim DS_1$ (16～19 脚)	多路选通脉冲输入端，DS_1 对应于千位，DS_2 对应于百位，DS_3 对应于十位，DS_4 对应于个位
$Q_0\sim Q_3$ (20～23 脚)	BCD 码数据输出端，DS_2、DS_3、DS_4 选通脉冲期间，输出三位完整的十进制数，在 DS_1 选通脉冲期间，输出千位 0 或 1 及过量程、欠量程和被测电压极性标志信号

CC14433 具有自动调零、自动极性转换等功能，可测量正或负的电压值。当 CP1、CP0 端接入 470 kΩ 电阻时，时钟频率约等于 66 kHz，每秒钟可进行 4 次 A/D 转换。它的使用调试简便，能与微处理机或其他数字系统兼容，广泛用于数字面板表、数字万用表、数字温度计、数字量具及遥测、遥控系统。

3. 三位半直流数字电压表的电路原理图(实验线路)如图 19-3 所示。

(1) 被测直流电压 V_X 经 A/D 转换后以动态扫描形式输出，数字量输出端 Q_0、Q_1、Q_2、Q_3 上的数字信号(8421 码)按照时间先后顺序输出。位选信号 D_{S1}、D_{S2}、D_{S3}、D_{S4} 通过位选开关 MC1413 分别控制着千位、百位、十位和个位上的四只 LED 数码管的公共阴极。数字信号经七段译码器 CC4511 译码后，驱动四只 LED 数码管的各段阳极。这样就把 A/D 转换器按时间顺序输出的数据以动态扫描形式在四只数码管上依次显示出来，由于选通重复频率较高，工作时从高位到低位以每位每次约 300 μs 的速率循环显示。即一个 4 位数的显示周期是 1.2 ms，所以人的肉眼就能清晰地看到四位数码管同时显示三位半十进制数字量。

(2) 当参考电压 V_R＝2 V 时，满量程显示 1.999 V；当 V_R＝200 mV 时，满量程为 199.9 mV。可以通过选择开关来控制千位和十位数码管的 h 笔段经限流电阻实现对相应的小数点显示的控制。

(3) 最高位(千位)显示时只有 b、c 二根线与 LED 数码管的 b、c 脚相接，所以千位只显示 1 或不显示，用千位的 g 笔段来显示模拟量的负值(正值不显示)，即由 CC14433 的 Q2 端通过 NPN 晶体管 9013 来控制 g 段。

(4) 精密基准电源 MC1403 芯片需要外接标准电压源作参考电压。标准电压源的精度应当高于 A/D 转换器的精度。本实验采用 MC1403 集成精密稳压源作参考电压。MC1403 的输出电压为 2.5 V，当输入电压在 4.5～15 V 范围内变化时，输出

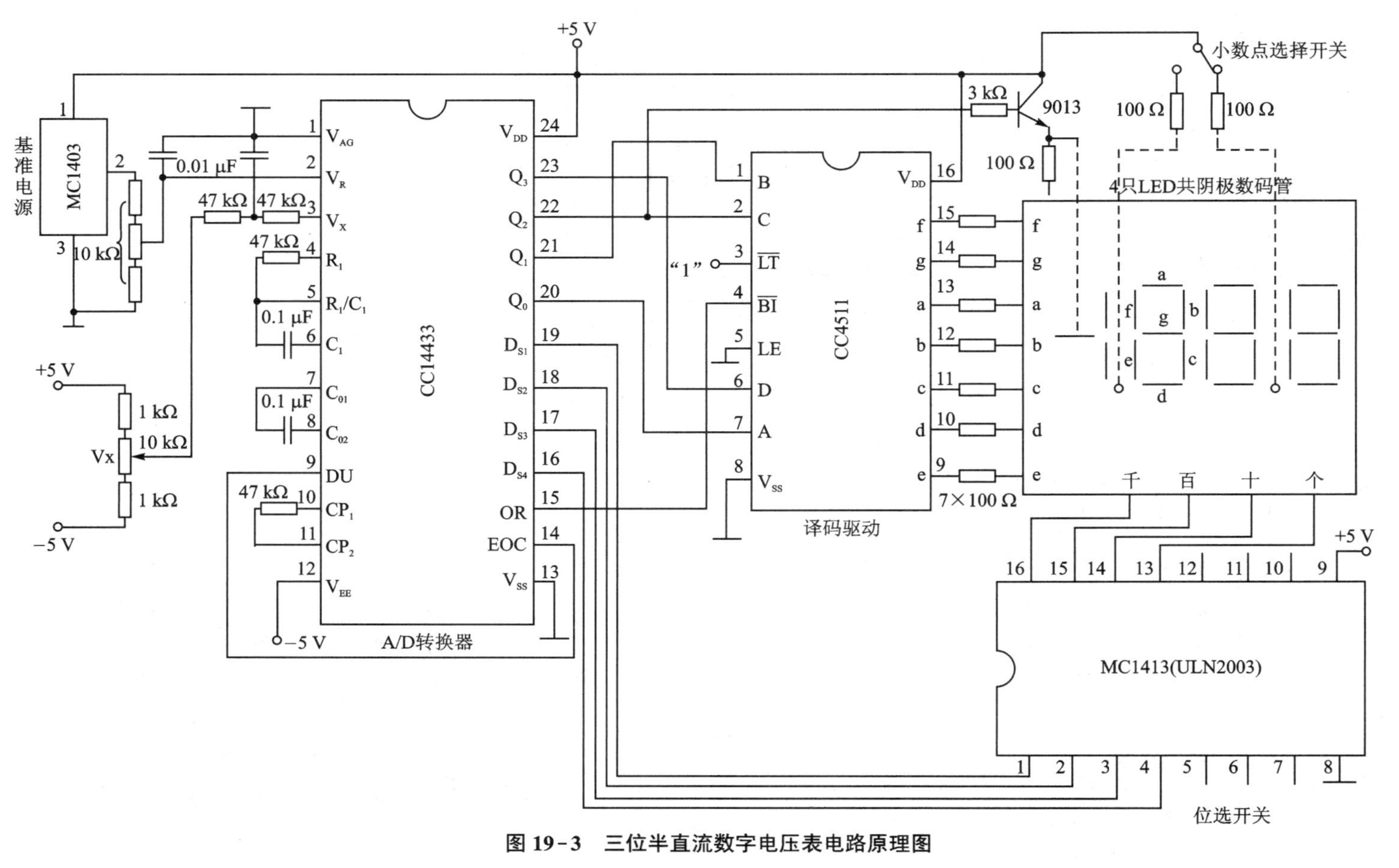

图 19-3　三位半直流数字电压表电路原理图

电压的变化不超过 3 mV，一般只有 0.6 mV 左右，输出最大电流为 10 mA。MC1403 引脚排列如图 19－4 所示。

（5）实验中使用 CMOS BCD 七段译码/驱动器 CC4511，可查相关数据手册。

（6）七路达林顿晶体管列阵 MC1413，采用 NPN 达林顿复合晶体管的结构，因此有很高的电流增益和输入阻抗，可直接接收 MOS 或 CMOS 集成电路的输出信号，并把电压信号转换成足够大的电流信号驱动各种负载。该电路内含有 7 个集电极开路反相器（也称 OC 门）。MC1413 电路结构和引脚排列如图 19－5 所示，它采用 16 引脚的双列直插式封装，每一驱动器输出端均接有一释放电感负载能量的续流二极管。

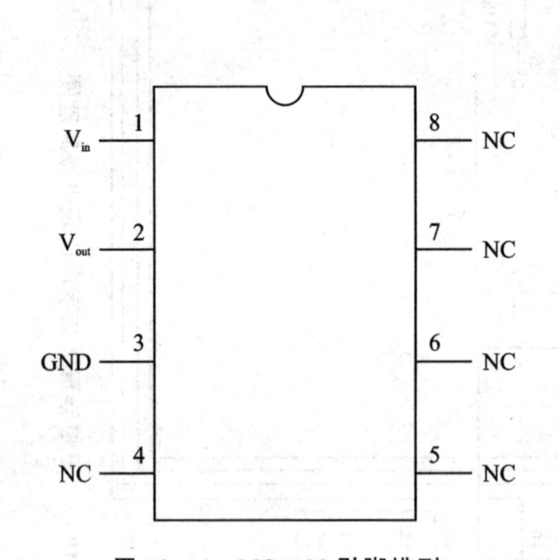

图 19－4　MC1403 引脚排列

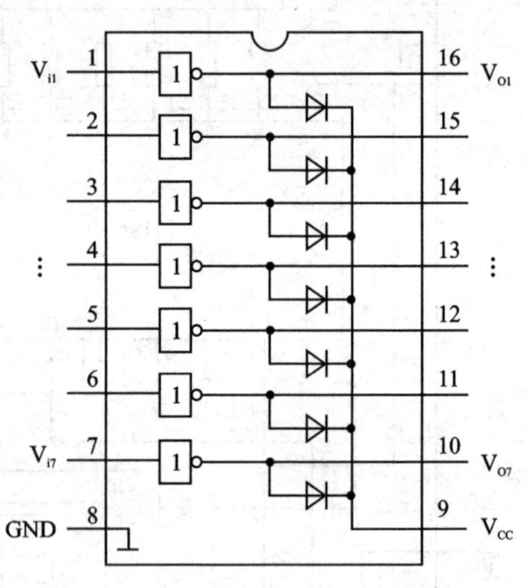

图 19－5　MC1413 电路结构和引脚排列图

三、实验设备与器件

1. ＋5 V 直流电源。
2. 双踪示波器。
3. 连续脉冲源。
4. 逻辑电平显示器。
5. 直流数字电压表。
6. 数字频率计。
7. 主要元器件如表 19－2 所列（供参考）。

表 19 - 2　元器件清单

元器件名称	数量(个/块)
CC14433(A/D转换器)	1
MC1403(基准电压源芯片)	1
CC4511(译码芯片)	1
MC1413(位选开关芯片)	1
ULN2003(达林顿管驱动芯片)	1
共阴极数码管显示器	4
电阻、电容	若干

四、实验内容

本实验要求按图 19 - 3 组装并调试好一台三位半直流数字电压表，实验时应一步步地进行。

1. 数码显示部分的组装与调试

(1) 建议将四只数码管插入 40P 集成电路插座上，将四只数码管同名笔划段与显示译码的相应输出端连在一起，其中最高位只要将 b、c、g 三笔划段接入电路，按图 19 - 3 接好连线，但暂不插所有的芯片，待用。

(2) 插好芯片 CC4511 与 MC1413，并将 CC4511 的输入端 A、B、C、D 接至拨码开关对应的 A、B、C、D 四个插口处；将 MC1413 的 1、2、3、4 脚接至逻辑开关输出插口上。

(3) 将 MC1413 的 2 脚置“1”，1、3、4 脚置“0”，接通电源，拨动码盘(按“＋”或“－”键)自 0～9 变化，检查数码管是否按码盘的指示值变化。

(4) 按实验原理说明 3 中(5)项的要求，检查译码显示是否正常。

(5) 分别将 MC1413 的 3、4、1 脚单独置“1”，重复(3)的内容。

如果所有 4 位数码管均显示正常，则去掉数字译码显示部分的电源，备用。

2. 标准电压源的连接和调整

插上 MC1403 基准电源，用标准数字电压表检查输出是否为 2.5 V，然后调整 10 kΩ 电位器，使其输出电压为 2.00 V，调整结束后去掉电源线，供总装时备用。

3. 总体电路的组装与调试

(1) 插好芯片 MC14433，接图 19 - 3 接好全部线路。

(2) 将输入端接地，接通＋5 V，－5 V 电源(先接好地线)，此时显示器将显示“000”值，如果不是，应检测电源正负电压。用示波器测量、观察 D_{S1}～D_{S4}，Q_0～Q_3 波形，判别故障所在。

(3) 用电阻、电位器构成一个简单的输入电压 V_X 调节电路，调节电位器，4 位数码将相应变化，然后进入下一步精调。

(4) 用标准数字电压表（或用数字万用表代替）测量输入电压，调节电位器，使 $V_X=1.000$ V，这时被调电路的电压指示值不一定显示“1.000”，应调整基准电压源，使指示值与标准电压表误差个位数在 5 之内。

(5) 改变输入电压 V_X 极性，使 $V_i=-1.000$ V，检查“－”是否显示，并按(4)方法校准显示值。

(6) 在＋1.999～0～－1.999 V 量程内再一次仔细调整（调基准电源电压）使全部量程内的误差均不超过个位数在 5 之内。

至此一个测量范围在±1.999 的三位半数字直流电压表调试成功。

4. 记　录

记录输入电压为±1.999 V，±1.500 V，±1.000 V，±0.500 V，0.000 V 时（标准数字电压表的读数）被调数字电压表的显示值。

5. 测　量

用自制数字电压表测量正、负电源电压。如何测量，试设计扩程测量电路。

6. 观　察

若积分电容 C_1、C_{02}（0.1 μF）换用普通金属化纸介电容时，观察测量精度的变化。

五、实验报告

1. 绘出三位半直流数字电压表的电路接线图。
2. 阐明组装、调试步骤。
3. 说明调试过程中遇到的问题和解决的方法。
4. 组装、调试数字电压表的心得体会。

实验二十

交通灯控制器的设计

一、实验目的

1. 掌握时序电路的综合应用。

2. 熟悉交通灯控制器的原理。

二、实验原理

在由一条主干道和一条支干道的汇合点形成十字交叉路口，为确保车辆安全、迅速地通行，在交叉路口的每个入口处设置了红、绿、黄三色信号灯。红灯亮禁止通行；绿灯亮允许通行；黄灯亮则给行驶中的车辆有时间停靠到禁行线之外。

① 用红、绿、黄三色发光二极管作信号灯，用传感器或用逻辑开关作检测车辆是否到来的信号，设计制作一个交通灯控制器。

② 由于主干道车辆较多而支干道车辆较少，所以主干道处于常允许通行的状态，而支干道有车来才允许通行。当主干道允许通行亮绿灯时，支干道亮红灯。而支干道允许通行亮绿灯时，主干道亮红灯。

③ 当主、支干道均有车时，两者交替允许通行，主干道每次放行 24 s，支干道每次放行 20 s。设计 24 s 和 20 s 计时显示电路。

④ 在每次由亮绿灯转变成亮红灯的转换过程中间，要亮 4 s 的黄灯作为过渡，以使行驶中的车辆有时间停到禁止线以外。设计 4 s 计时显示电路。

三、实验仪器及设备

1. 数字电路实验箱。

2. 供选择的芯片：74LS164、74LS168、74LS00、74LS74、74LS248 等。

四、实验内容

1. 设计要点

(1) 在主干道和支干道的入口处设立传感器检测电路以检测车辆进出情况，并及时向主控电路提供信号，调试时可用数字开关代替。

(2) 系统中要求有 24 s、20 s 和 4 s 三种定时信号，需要设计三种相应的定时显

示电路。计时方法可以用顺计时，也可以用倒计时。定时的起始信号由主控电路给出，定时时间结束的信号也输入到主控电路，并通过主控电路去启、闭三色交通灯或启动另一种计时电路。

(3) 主控电路是本题的核心，它的输入信号来自车辆检测信号和来自 24 s、20 s、4 s 三个定时信号。

主控电路的输出一方面经译码后分别控制主干道和支干道的三个信号灯，另一方面控制定时电路的启动。主控电路属于时序逻辑电路，应该按照时序逻辑电路的设计方法设计，也可以采用储存器电路实现，即将传感信号和定时信号经过编码所得的代码作为储存器的地址信号，由储存器数据信号去控制交通灯。当然，如果采用微处理器就会显得十分简单。

分析交通灯的点亮规则，可以归结为表 20－1 所列的四种态序。

表 20－1　交通灯态序表

态　序	主干道	支干道	时间/s
1	绿灯亮　允许通行	红灯亮　不许通行	24
2	黄灯亮　　停车	红灯亮　不许通行	4
3	红灯亮　不许通行	绿灯亮　允许通行	20
4	红灯亮　不许通行	黄灯亮　停车	4

(4) 根据设计任务和要求，交通灯控制器系统框图如图 20－1 所示。

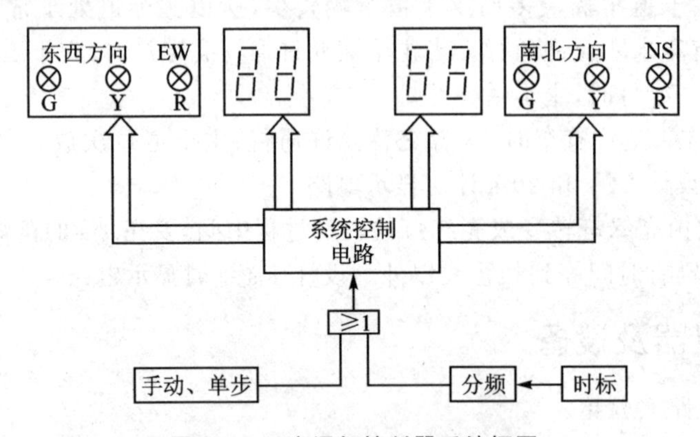

图 20－1　交通灯控制器系统框图

(5) 若十字路口每个方向绿、黄、红灯所亮的时间比分别为 5∶1∶6，若选 4 s 为一个时间单位，则计数器每 4 s 输出一个脉冲。

(6) 计数器每次工作循环周期为 12，所以可以选用十二进制计数器。计数器可以用单触发器组成，也可以用中规模集成计数器，这里选用中规模 74LS164 八位移位寄存器组成扭环形十二进制计数器，由此可列出东西方向和南北方向绿、黄、红灯的逻辑表达式：

东西方向 绿：$EWG=\overline{Q_4}\cdot\overline{Q_5}$

黄：$EWY=\overline{Q_4}\cdot Q_5(EWY=EWY\cdot CP_1)$

红：$EWR=\overline{Q_5}$

南北方向 绿：$NSG=\overline{Q_4}\cdot\overline{Q_5}$

黄：$NSY=\overline{Q_4}\cdot\overline{Q_5}(NSY=NSY\cdot CP_1)$

红：$NSR=Q_5$

由于黄灯要求闪烁几次，所以用时标 1 s 和 EWY 或 NSY 黄灯信号相“与”即可。

(7) 显示控制部分，实际是一个定时控制电路。当绿灯亮时，使减法计数器开始工作，每来一个秒脉冲，使计数器减 1，直到计数器为 0。译码显示可用 74LS248 BCD 码七段译码器，显示器用 LC5011－11 共阴极 LED 显示器，计数器采用可预置加、减法计数器，如 74LS168、74LS193 等。

(8) 手动/自动控制可用一个选择开关进行。置开关在手动位置，输入单次脉冲，可使交通灯处在某一位置上；置开关在自动位置时，则交通信号灯按自动循环工作方式运行。

2. 电路说明

根据设计任务和要求，交通信号灯控制电路如图 20－2 所示。

(1) 单次手动及脉冲电路

单次脉冲是由两个与非门组成的 RS 触发器产生的，当按下 S 时，有一个脉冲输出使 74LS164 移位计数，实现手动控制。S_2 在自动位置时，有脉冲电路经分频器(4 分频)输入给 74LS164。为每 4 s 向前移一位(计数 1 次)。秒脉冲电路可用晶振或 RC 振荡电路构成。

(2) 控制器部分

控制器部分由 74LS164 组成环形计数器，经译码后，输出十字路口南北、东西两个方向的控制信号。

(3) 数字显示部分

当南北方向绿灯亮，而东西方向红灯亮时，使南北方向的 74LS168 以减法计数器方式工作，从数字 24 开始往下减，当减到 0 时，南北方向绿灯灭，红灯亮，而东西方向红灯灭，绿灯亮。由于东西方向红灯灭信号使与门关断，减法计数器工作结束，而南北方向红灯亮，使另一方向东西方向减法计数器开始工作。

在减法计数开始之前，由黄灯亮信号使减法计数器先置入数据，图中接入 $U/\overline{D}$ 和 LD 的信号就是由黄灯亮(为高电平)时置入数据的。黄灯灭，而红灯亮开始减计数。

五、实验报告

1. 写出完整的设计实验报告。
2. 总结电路设计过程，分析故障原因及排除方法。

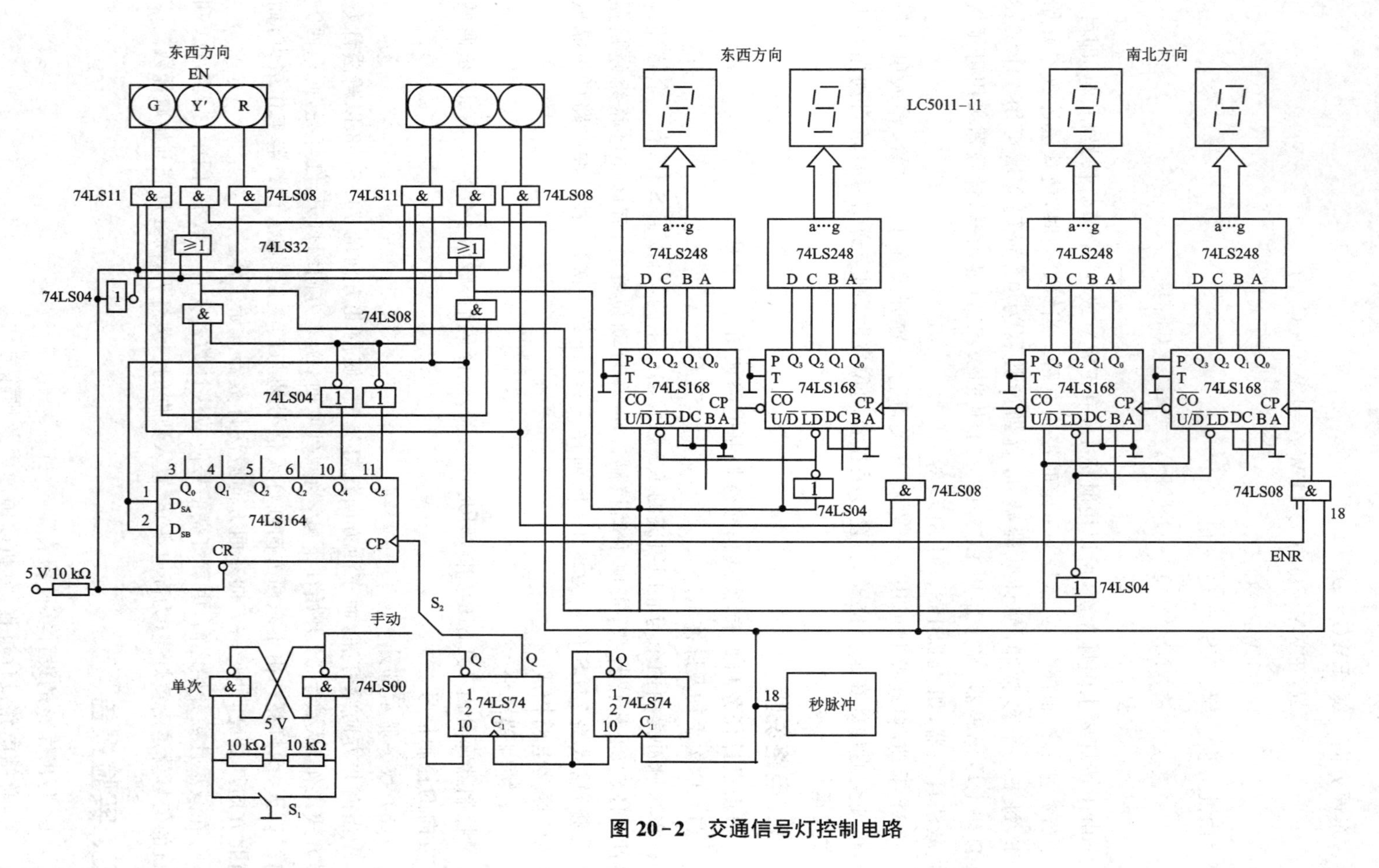

图 20-2　交通信号灯控制电路

第4章

创新性实验

实验二十一

EDA 技术及其数字系统设计示例

一、实验目的

1. 了解 EDA 技术的概念。
2. 熟悉 Altera 公司的 EDA 工具软件 Quartus II。
3. 掌握 Quartus II 软件原理图输入的数字系统设计方法。

二、实验原理

EDA(Electronic Design Automation),即电子设计自动化,是指以大规模可编程逻辑器件(FPGA/CPLD)为设计载体,以硬件描述语言(VHDL/Verilog HDL)为系统逻辑描述的主要表达方式,以计算机、大规模可编程逻辑器件的开发软件(Quartus II)及实验开发系统(EDA 技术实验箱)为设计工具,自动完成用软件方式设计的电子系统到硬件系统的一门新技术。

Altera 公司的 Quartus II 软件主要用于开发该公司的 FPGA 和 CPLD 器件。当用 Quartus II 的原理图输入设计法进行数字系统设计时,不需要任何硬件描述语言知识,在具有数字逻辑电路基本知识的基础上,就可以使用 Quartus II 提供的 EDA 平台设计数字电路。在 Quartus II 平台上,使用原理图输入设计法实现数字电路系统设计的操作流程示意图如图 21-1 所示。

三、实验设备与器件

1. 计算机(预装 Quartus II 软件)。
2. EDA 技术实验箱。

四、实验内容

下面通过 1 位半加器的设计实例介绍 Quartus II 软件用于数字系统的设计方法。

1 位半加器可以用一个与门、一个异或门组成。设加数和被加数分别为 a、b,和为 so、进位为 co,则半加器表达式为:co=a and b;so=a xor b。

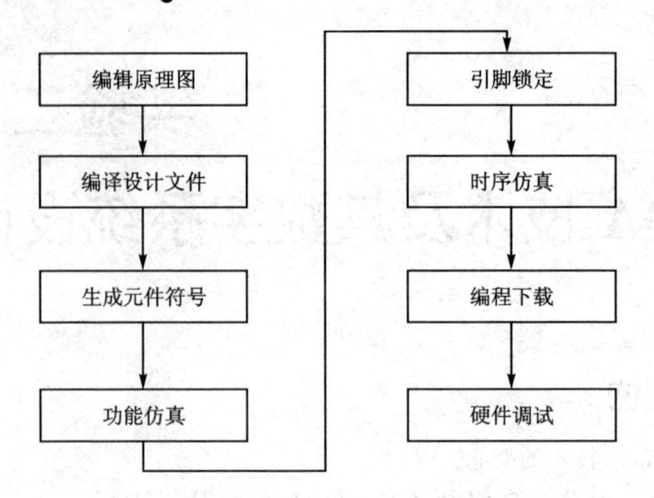

图 21-1　原理图输入设计法的基本操作流程示意图

1. 为 1 位半加器工程设计建立一个文件夹

任何一项设计都是一项工程(Project)，都必须首先为此工程建立一个放置与此工程相关文件的文件夹，此文件夹将被 EDA 软件默认为工作库(Work Library)。例如，本项设计的文件夹取名为 h_adder，路径为 E:\ h_adder。

2. 输入设计项目

Quartus II 主窗口(见图 21-2)，从“File”菜单下选择“New Project Wizard…”，出现如图 21-3 所示的建立新设计项目的对话框。在对话框的第一栏中输入设计项

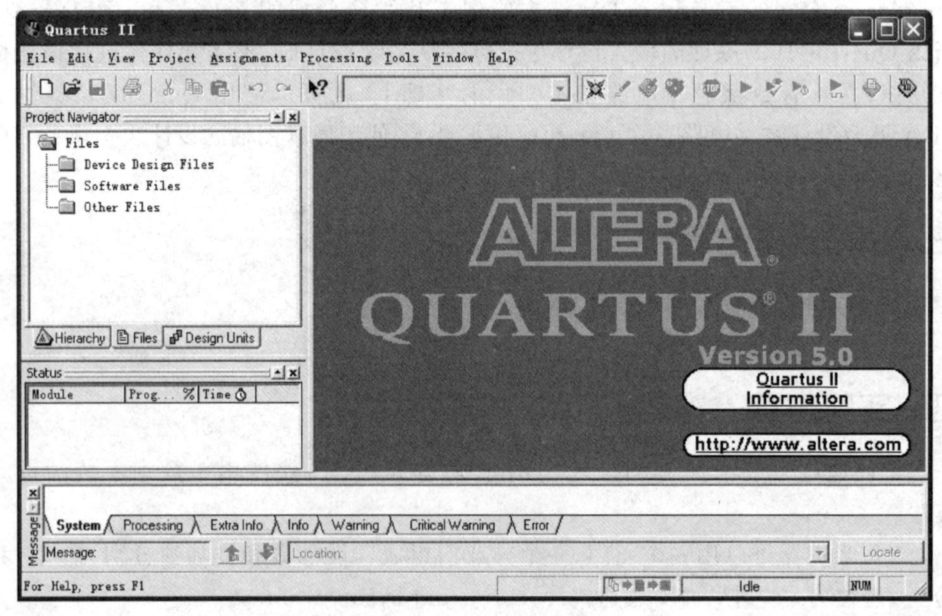

图 21-2　Quartus II 主窗口

目所在的文件夹 E:\ h_adder;在第二栏中输入新的设计项目名 h_adder;在第三栏中输入设计系统的顶层文件实体名 h_adder,其中设计项目名和顶层文件实体名可以同名。

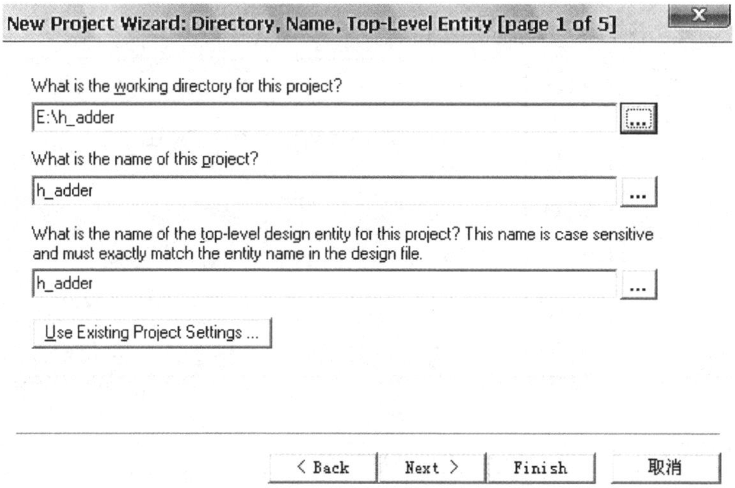

New Project Wizard: Directory, Name, Top-Level Entity [page 1 of 5]
What is the working directory for this project?
E:\h_adder
What is the name of this project?
h_adder
What is the name of the top-level design entity for this project? This name is case sensitive and must exactly match the entity name in the design file.
h_adder
Use Existing Project Settings ...
< Back
Next >
Finish
取消

图 21-3　建立新设计的项目对话框

3. 输入设计文件

在 Quartus II 主窗口,选择"File"主菜单下的"New…"命令,出现如图 21-4 所示的输入方式选择窗口,选择"Block Diagram/Schematic File"(模块/原理图文件)输入方式后,进入图形编辑窗口,其界面如图 21-5 所示,这时便可以输入设计电路了。

New
Device Design Files
Software Files
Other Files
AHDL File
Block Diagram/Schematic File
EDIF File
Verilog HDL File
VHDL File
OK
Cancel

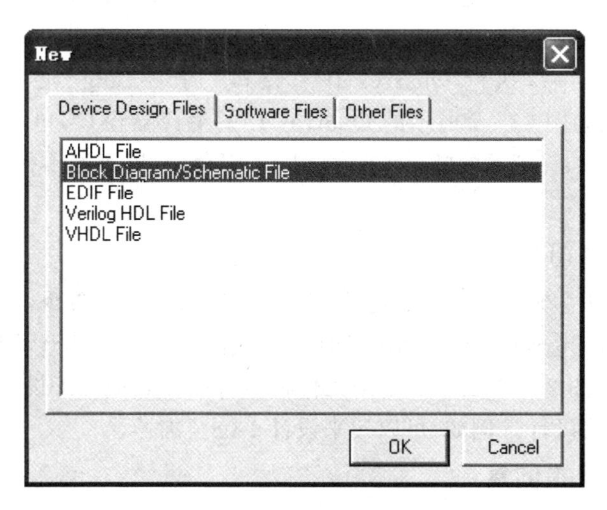

图 21-4　输入方式选择窗口

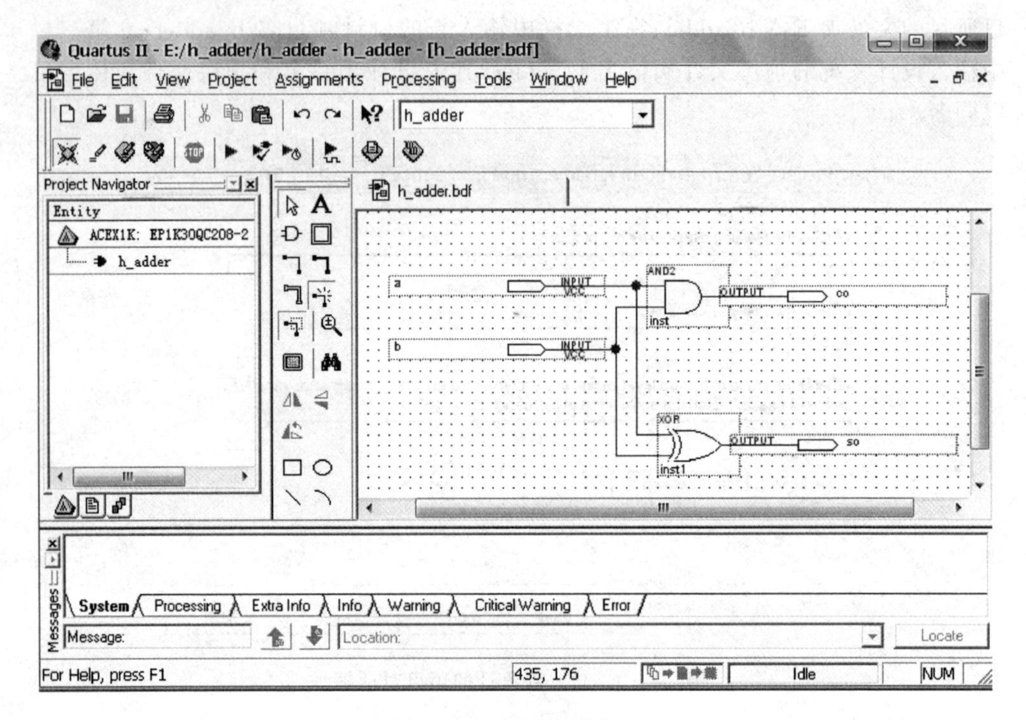

图 21-5 图形编辑窗口

4. 选择目标器件并编译设计项目

在编译设计文件前,应先选择下载的目标芯片。在 Quartus II 主窗口,执行"Assignments"菜单下的"Device"命令,出现如图 21-6 所示的器件选择对话框。在"Family:"栏目中选择目标芯片系列名,如"ACEX1K",然后在"Available devices:"栏目中选择目标芯片型号,如"EP1K30QC208-2"。

目标芯片选定后,执行 Quartus II 主窗口"Processing"菜单下的"Compiler Tool"命令,出现如图 21-7 所示的 Quartus II 的编译器窗口,单击"Start"按钮,或选择主菜单"Processing"下的"Start Compilation"命令,即可对 h_adder 设计项目进行编译。

5. 生成元件符号

在 Quartus II 主窗口,执行主菜单"File"下的"Create"命令,然后选择"Create Symbol Files For Current File "选项,即可将当前的 h_adder. bdf 原理图文件生成对应的元件符号,如图 21-8 所示。这个元件符号可以被其他图形设计文件调用,实现多层次的系统电路设计。例如,可以用来设计 1 位全加器。

6. 设计项目的仿真

仿真,也称为模拟(Simulation),是对电路设计的一种间接的检测方法,根据仿真时是否包含延时信息,可分为功能仿真和时序仿真。

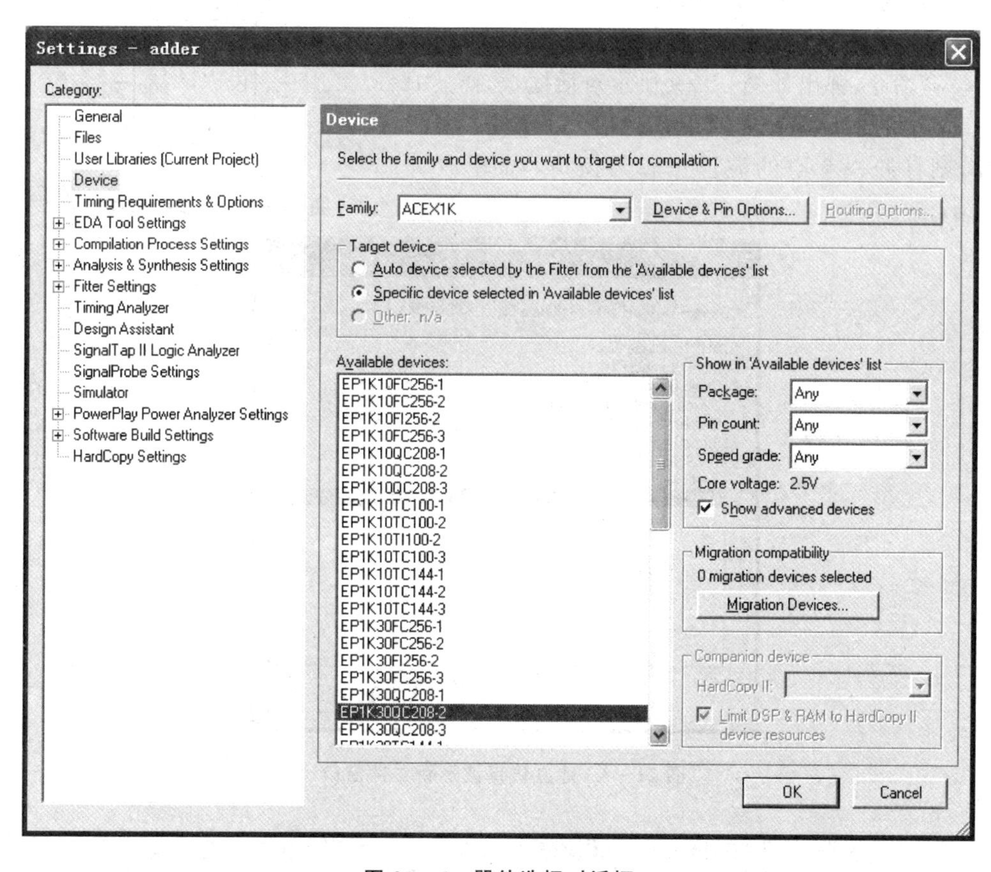

图 21-6　器件选择对话框

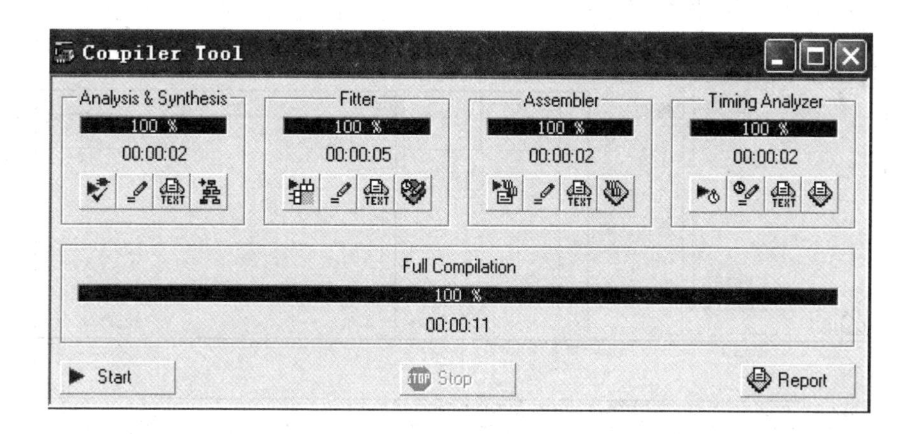

图 21-7　Quartus II 的编译器窗口

(1) 建立一个仿真波形文件

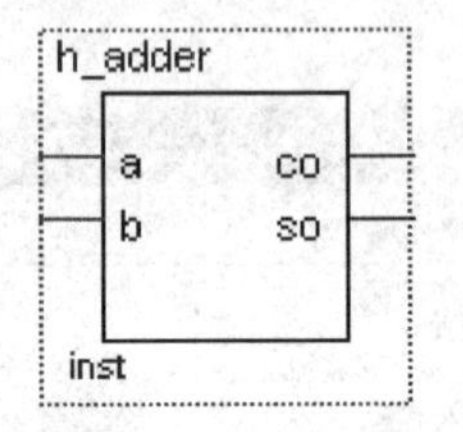

图 21-8　半加器元件符号

在 Quartus II 主窗口，执行"File"菜单下的"New"命令，弹出如图 21-9 所示对话框，选择"Other Files"中的"Vector Waveform File"，单击"OK"按钮，则打开一个空的波形编辑器窗口，如图 21-10 所示。

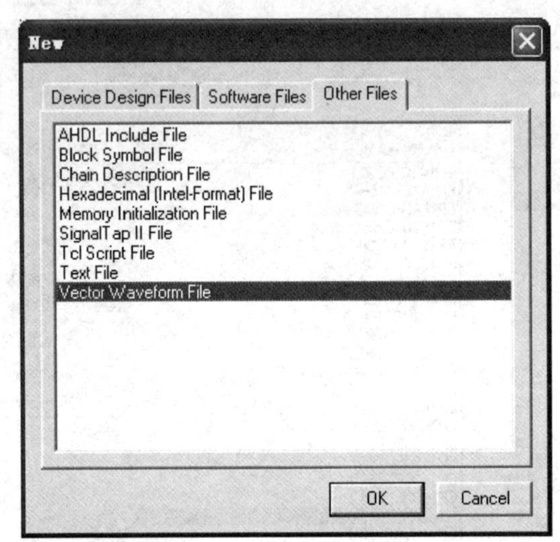

图 21-9　建立仿真波形新文件窗口

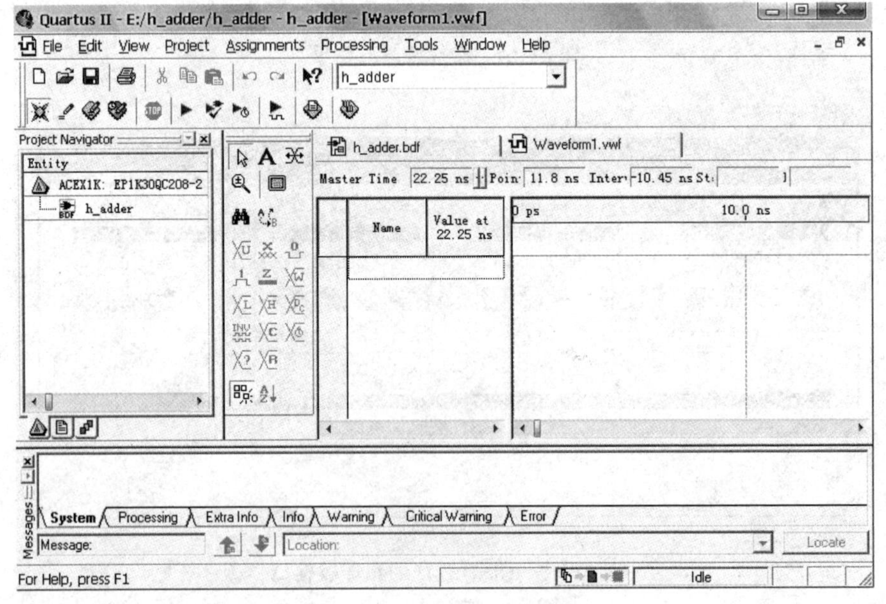

图 21-10　波形编辑器窗口

(2) 输入信号节点

在波形编辑方式下,执行“Edit”的“Insert Node or Bus…”命令,或在波形编辑窗口的“Name”栏中单击鼠标右键,在弹出的菜单中选择“Insert Node or Bus…”命令,即可弹出插入节点或总线(Insert Node or Bus…)对话框,如图 21-11 所示。

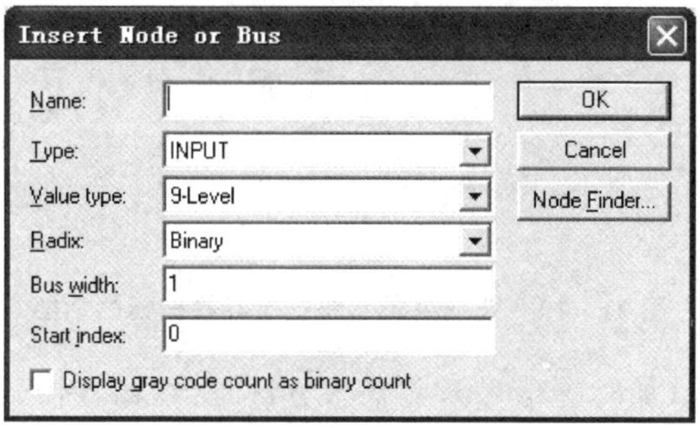

图 21-11　插入信号节点对话框

在“Insert Node or Bus…”对话框中,首先单击“Node Finder…”按钮,弹出如图 21-12 所示的节点发现者(Node Finder)对话框,在对话框的“Filter”栏目中选择“Pins: all”后,再单击“List”按钮,这时在窗口左边的“Nodes Found:”框中将列出该设计项目的全部信号节点。若在仿真中需要观察全部信号的波形,则单击窗口中间的“>>”按钮;若在仿真中只需观察部分信号的波形,则首先用鼠标单击信号名,然后单击窗口中间的“≥”按钮,选中的信号即进入到窗口右边的“Selected Nodes:”(被选择的节点)框中;如果需要删除“Selected Nodes:”框中的节点信号,也可以用鼠标将其选中,然后单击窗口中间的“≤”按钮。节点信号选择完毕后,单击“OK”按钮即可。

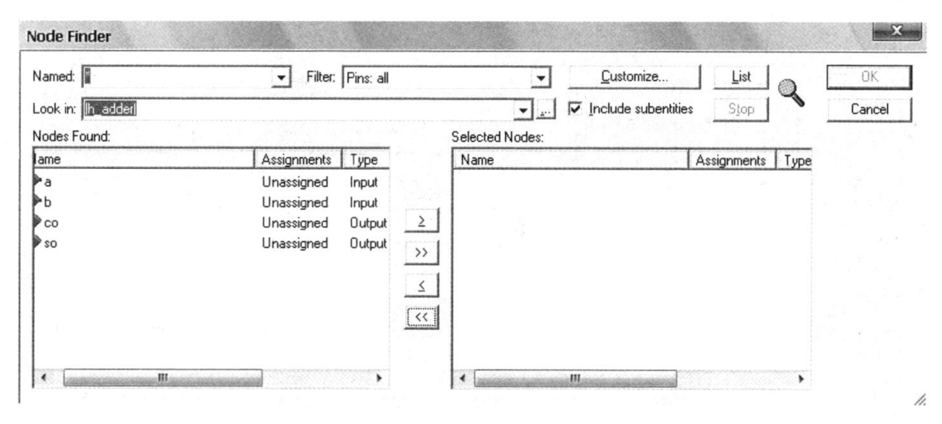

图 21-12　节点发现者对话框

(3) 编辑输入节点波形,即指定输入节点的逻辑电平变化

对于任意信号波形,其输入方法是:在波形编辑区中,按下鼠标左键并拖动需要

编辑的区域，然后直接单击快捷工具栏上相应的按钮，完成输入波形的编辑。快捷工具栏各按钮的功能如图 21－13 所示。

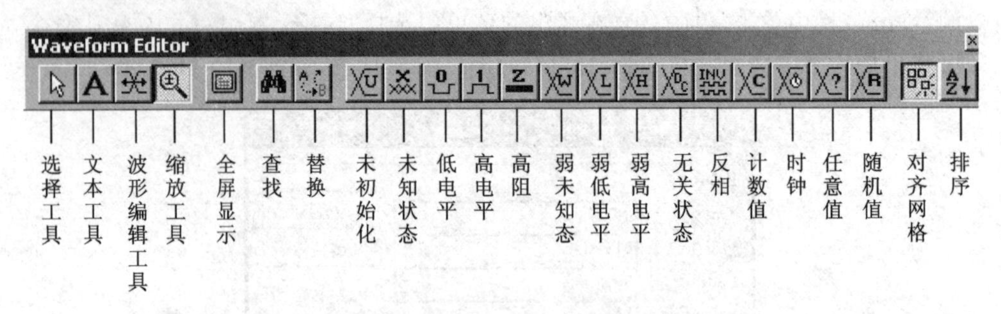

图 21－13　波形编辑器快捷工具栏按钮的功能

对于周期性信号(如时钟信号)，其输入方法是：在输入信号节点上单击鼠标右键，从弹出的右键菜单中选择“Value|Clock…”命令，则弹出时钟设置对话框，直接输入时钟周期、相位以及占空比即可。

(4) 波形文件存盘

设置好 1 位半加器输入节点 a、b 的波形后(如图 21－14 所示)，执行“File”选项的“Save”命令，在弹出的“Save as”对话框中直接按“OK”键即可完成波形文件的存盘。在波形文件存盘操作中，系统自动将波形文件名设置成与设计文件名同名，但文件类型是.vwf。例如，1 位半加器设计电路的波形文件名为“h_adder.vwf”。

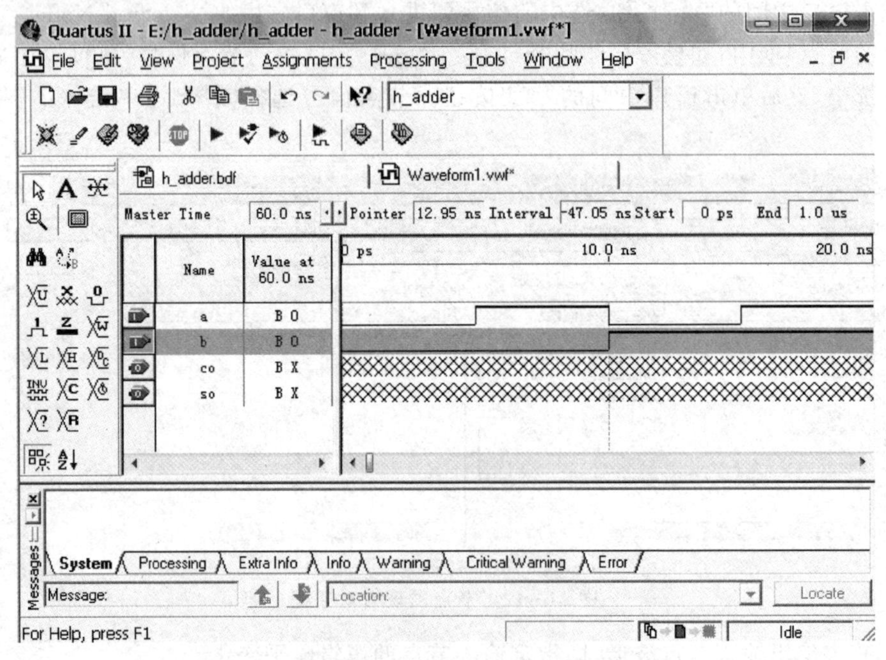

图 21－14　设置好半加器输入节点 a、b 波形的界面

(5) 功能仿真

功能仿真没有延时信息，仅对所设计的电路进行逻辑功能验证。在仿真开始前，需选择主菜单“Processing”下的“Generate Functional Simulation Netlist”命令，产生功能仿真网表。然后执行主菜单“Tools”下的“Simulator Tool”命令，在弹出的对话框的选项“Simulation mode:”中，选择仿真类型为“Functional”，如图 21 - 15 所示。

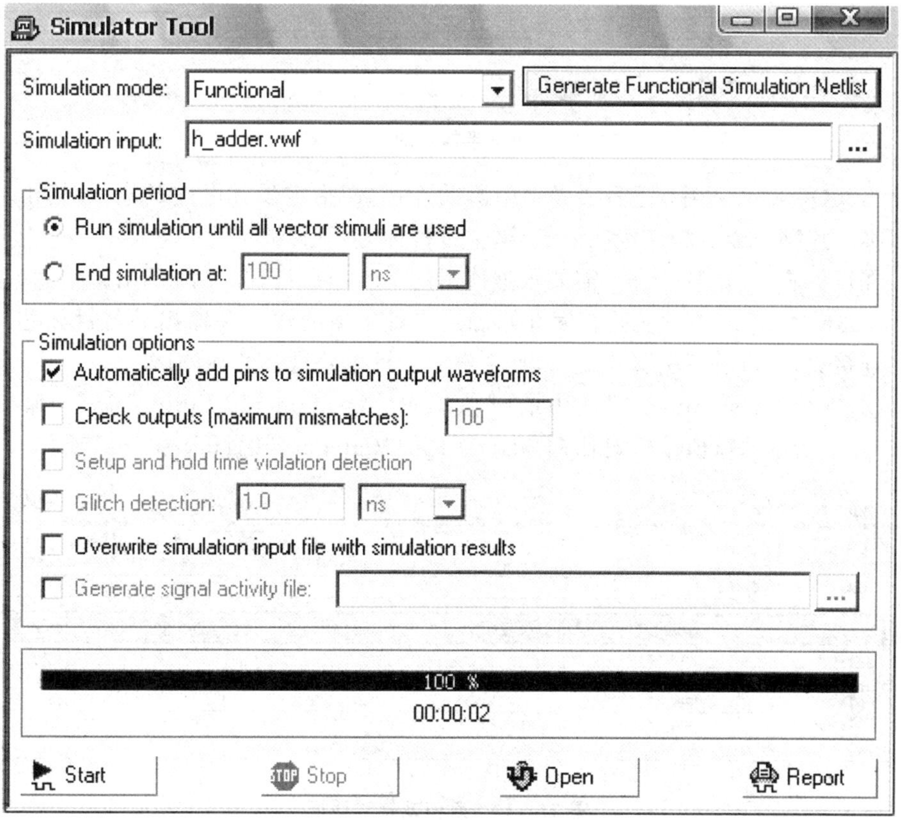

图 21 - 15　设置仿真类型窗口

设置好功能仿真类型后，执行主菜单“Processing”中的“Start Simulation”命令，或单击“Simulator Tool”对话框左下方的按键选项“Start”进行仿真。仿真成功后，单击“Simulator Tool”对话框右下方的按键选项“Report”，打开仿真波形窗口“Simulation Waveforms”，1 位半加器的功能仿真波形如图 21 - 16 所示，从波形图可以看出设计电路的逻辑功能是正确的，功能仿真没有时间延迟。

7. 编程下载设计文件

编程下载设计文件包括引脚锁定、时序仿真和编程下载。

(1) 引脚锁定

在目标芯片确定后，为了把设计电路的编写程序下载到目标芯片

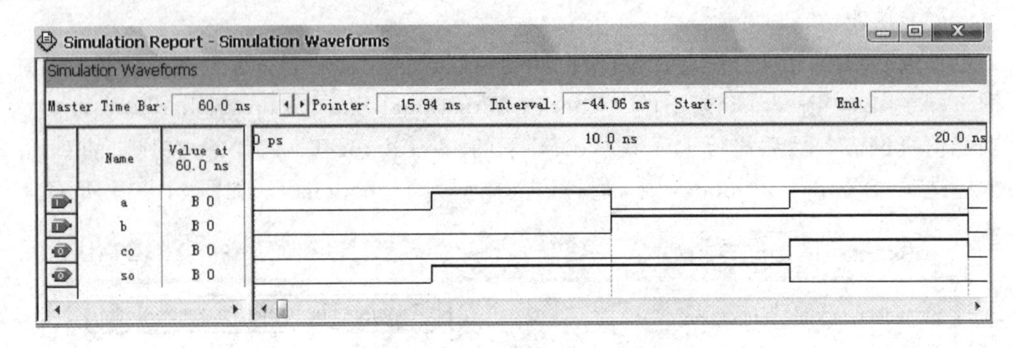

图 21 - 16　1 位半加器的功能仿真波形

“EP1K30QC208 - 2”中，还需要确定引脚的连接，即指定设计电路的输入/输出端口与目标芯片哪一个引脚连接在一起，这个过程称为“引脚锁定”。

在目标芯片引脚锁定前，需要根据使用的 EDA 硬件开发系统的引脚信息(参考 ZY11203E 型 EDA 技术实验箱简介)，确定设计电路的输入和输出端与目标芯片引脚的连接关系，再进行引脚锁定，以便能够对设计电路进行实际测试。

① 执行“Assignments”项中的赋值编辑“Assignments Editor”命令，弹出如图 21 - 17 所示的赋值编辑对话框，在对话框的“Category”栏目选择“Pin”项。

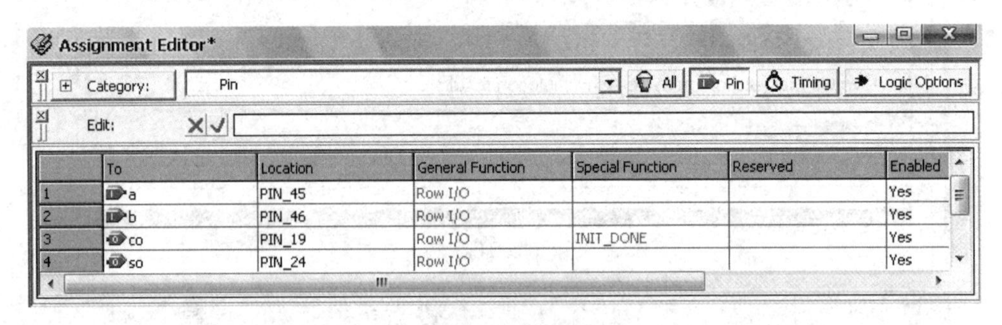

图 21 - 17　赋值编辑对话框

② 用鼠标双击“To”栏目下的“new”，在其下拉菜单中列出了设计电路的全部输入和输出端口名，例如半加器的 a、b、co 和 so 端口等。用鼠标选择其中的一个端口后，再用鼠标双击“Location”栏目下的“new”，在其下拉菜单中列出了目标芯片全部可使用的 I/O 端口，然后根据 EDA 开发系统的实际引脚信息用鼠标选择其中的一个 I/O 端口。例如，半加器的两个输入端 a、b，分别选择 Pin_45 、Pin_46(相当于 ZY11203E 型 EDA 实验箱上的高低电平输入键“K1”、“K2”)；半加器的两个输出端和“so” 和进位“co”端口，分别选择 Pin_24 和 Pin_19(相当于 EDA 实验箱上的发光二极管“LED2”、“LED1”)。赋值编辑操作结束后，完成引脚锁定，如图 21 - 17 所示，存盘并关闭此窗口。完成引脚锁定后，相应的半加器原理图文件 h_adder. bdf 也增加了引脚信息，如图 21 - 18 所示。

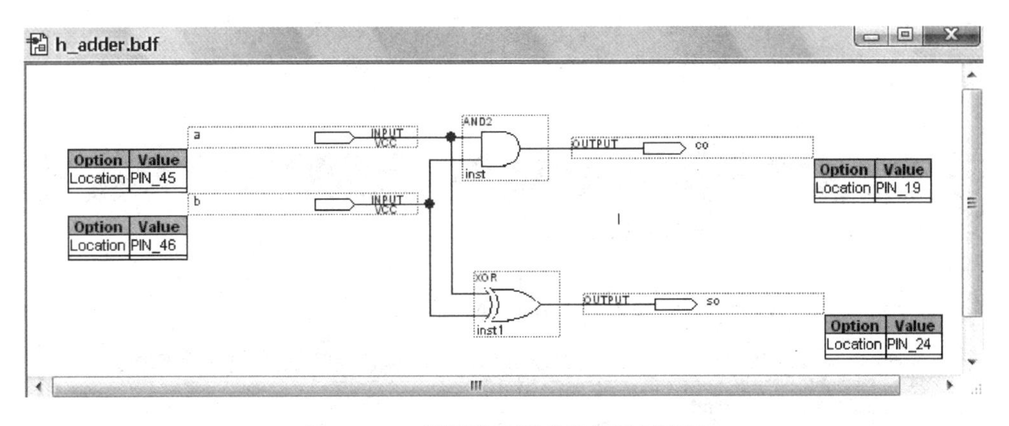

图 21-18　引脚锁定后的半加器原理图

③ 锁定引脚后还需要对设计文件重新编译，即执行主菜单“Processing”下的“Start Compilation”命令，产生设计电路的下载文件。对于 CPLD 器件，称为编程文件(.pof)；而对 FPGA 器件，称为配置文件(.sof)。

(2) 编程下载设计文件

上述的仿真仅是用来检查设计电路的逻辑功能是否正确，要真正检验设计电路的正确性，必须将设计编程文件下载到实际芯片中进行检验、测试。

在编程下载设计文件之前，需要将硬件测试系统(例如：ZY11203E 型 EDA 技术实验箱)，通过计算机的并行打印机接口与计算机连接好，打开电源。

首先设定编程方式。选择“Tools”的编程器“Programmer”命令，弹出设置编程方式窗口，如图 21-19 所示。

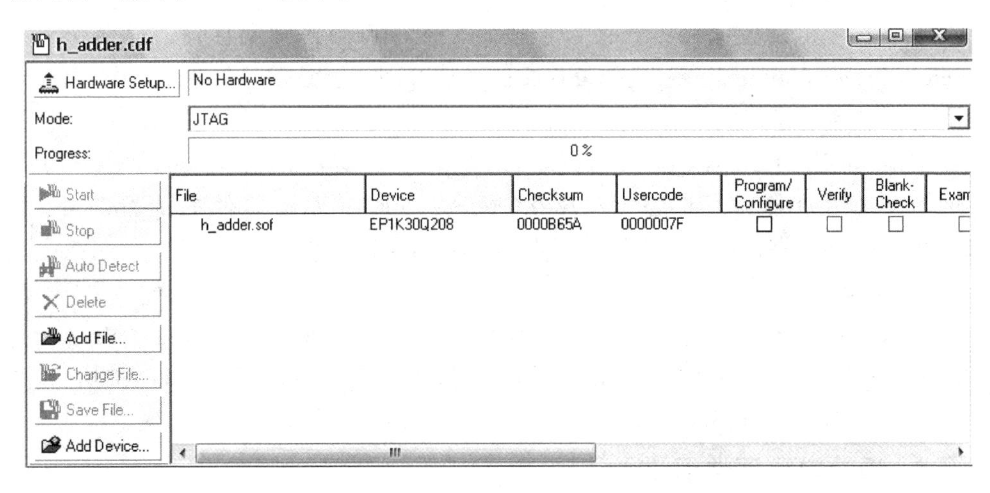

图 21-19　设置编程方式窗口

① 设置硬件

在设置编程方式窗口中，用鼠标单击“Hardware Setup …”(硬件设置)按键，弹出“Hardware Setup”硬件设置对话框，如图 21－20 所示。在对话框中单击“Add Hardware”按键，在弹出的添加硬件对话框中选择“ByteBlaster”编程方式后单击“Close”按钮。

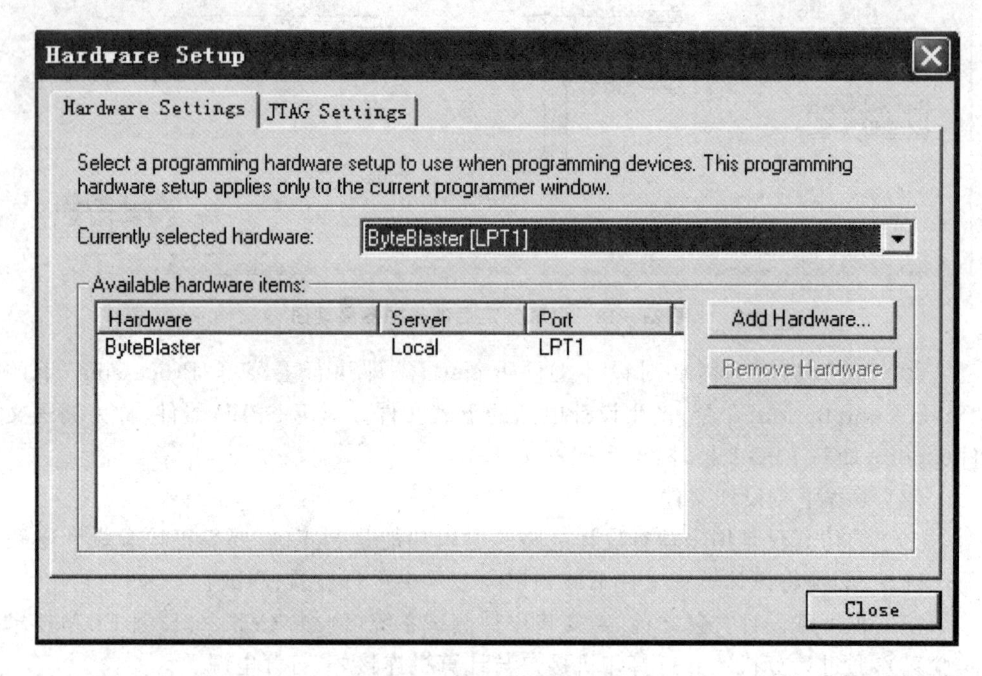

图 21－20　硬件设置对话框

② 选择下载文件

用鼠标单击设置编程方式窗口左边的“Add File”(添加文件)按键，在弹出的“Select Programming File”(选择编程文件)的对话框(如图 21－21 所示)中，选择半加器设计工程目录下的下载文件“h_adder. sof”。(注：在选择下载文件时，对于 FPGA 器件，如 EP1K30QC208－2，选择的是配置文件，文件类型为. sof，如 h_adder. sof；对于 CPLD 器件(如 EPM7128SLC84－10)或 FPGA 器件的配置芯片(如 EPC2)，选择的是编程文件，文件类型为. pof，如 h_adder. pof。)

③ 编程下载

在设置编程方式窗口中，选中需要编程的 h_adder. sof 文件对应的“Program/Configure”选项，即点中“Program/Configure”选项下的小方框，如图 21－22 所示，然后单击编程器窗口的“Start”按钮，开始编程，编程结束时有提示信息出现。

8. 设计电路硬件调试

将配置文件“h_adder. sof”下载到 ZY11203E 型 EDA 技术实验箱的 FPGA 目标芯片 EP1K30QC208－2 后，根据半加器的原理，设置实验箱上的高低电平输入键“K1”“K2”，得到半加器两个输入端 a、b 的不同组合，然后观察发光二极管“LED1”

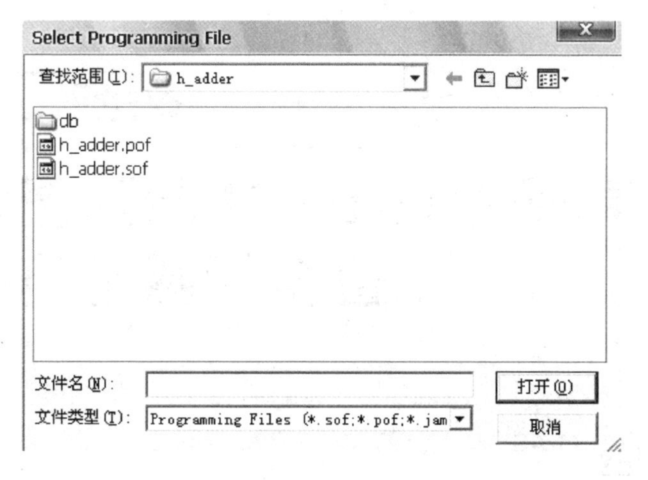

图 21-21 选择编程文件对话框

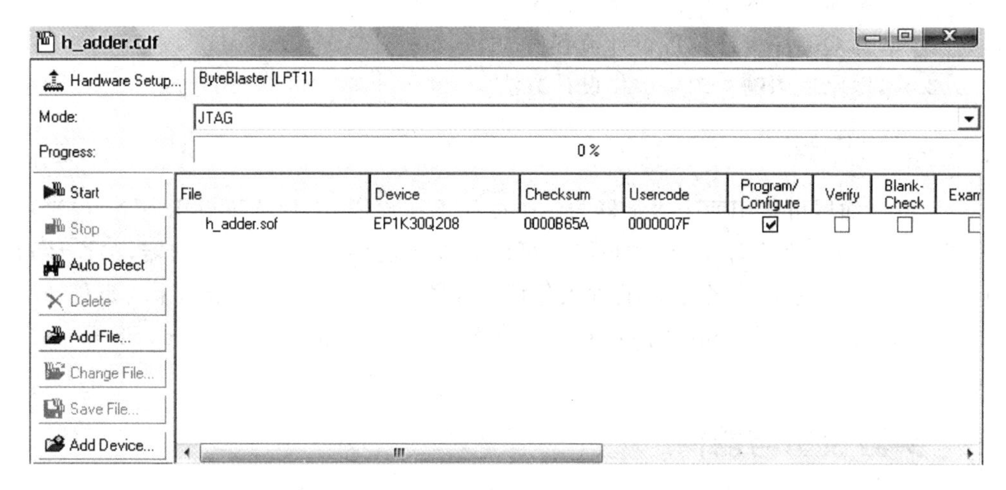

图 21-22 编程下载窗口

“LED2”,验证半加器的和输出“so”和进位输出“co”是否正确。至此,完整的半加器的设计流程结束。

五、实验报告

1. 列出1位半加器的真值表,画出半加器的仿真波形图。
2. 总结用 Quartus II 软件原理图编辑器设计数字系统的方法。

实验二十二

基于 Quartus II 原理图输入的 1 位全加器电路的设计

一、实验目的

1. 掌握加法器的工作原理。

1. 掌握 Quartus II 软件设计流程。

2. 熟悉原理图输入的层次化设计方法。

二、实验原理

1 位全加器可以用两个半加器与一个或门连接而成，半加器可以用一个与门、一个异或门组成。在设计 1 位全加器时，可以先设计底层文件）——半加器，再设计顶层文件——全加器。设全加器的输入分别为加数 ain、被加数 bin、低位来的进位 cin，输出为和 sum、进位 cout，则 $sum = ain \oplus bin \oplus cin$，$cout = (ain \oplus bin)cin + ain \cdot bin$。

三、实验设备与器件

1. 计算机（预装 Quartus II 软件）。

2. EDA 技术实验箱。

四、实验内容

1. 在 Quartus II 软件中，先建立 1 位全加器的工程项目 f_adder，并保存在文件夹 E:\ f_adder。

2. 在全加器工程项目 f_adder 中，利用 Quartus II 软件原理图输入方法设计半加器 h_adder，并保存为 E:\ f_adder\ h_adder. bdf，如图 22 - 1 所示，并生成半加器元件符号，如图 22 - 2 所示。（注意：在这一步骤中先不要进行设计项目的编译）

3. 在 Quartus II 软件原理图编辑器中，利用层次化设计方法设计 1 位全加器，即 1 位全加器可以用两个半加器与一个或门连接而成，如图 22 - 3 所示，并保存为 E:\ f_adder\ f_adder. bdf。

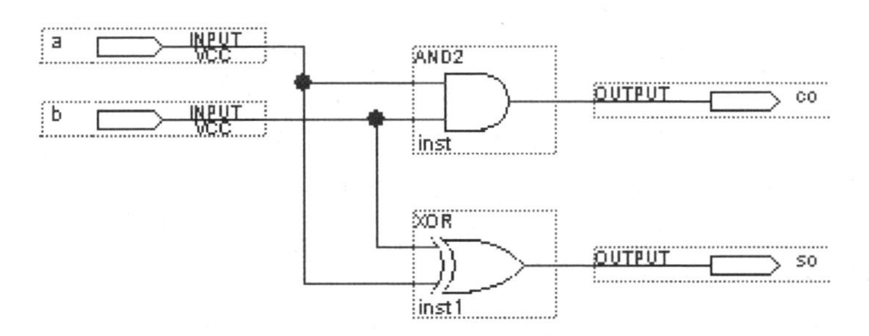

图 22－1　半加器

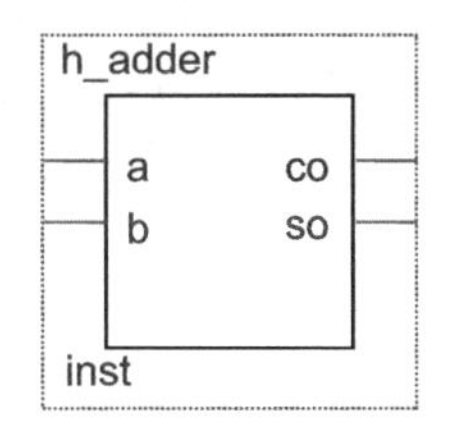

图 22－2　半加器元件符号

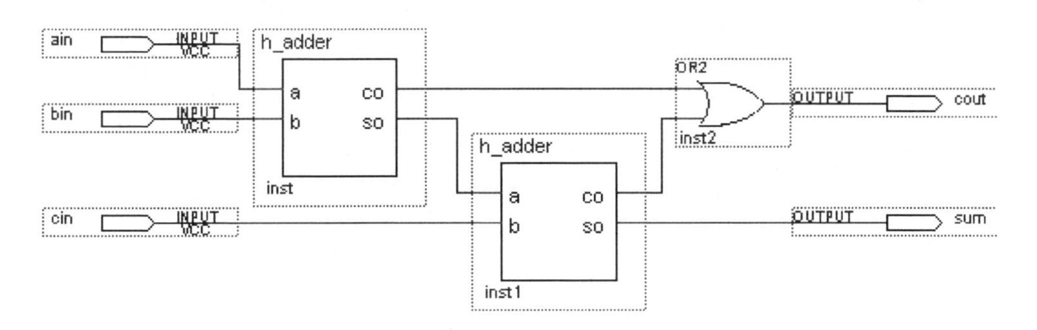

图 22－3　1 位全加器

4. 对 1 位全加器的工程项目 f_adder 进行编译、仿真，功能仿真波形如图 22－4 所示，可以看出设计电路的逻辑功能是正确的。

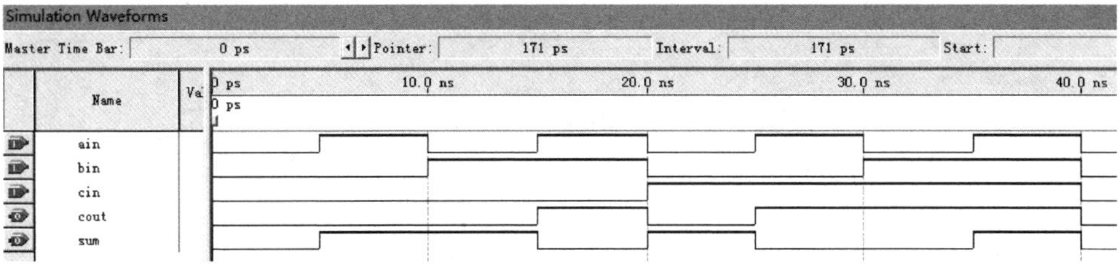

Simulation Waveforms
Master Time Bar: 0 ps　Pointer: 171 ps　Interval: 171 ps　Start:
Name　Va　0 ps　10.0 ns　20.0 ns　30.0 ns　40.0 ns
0 ps
ain
bin
cin
cout
sum

图 22－4　1 位全加器功能仿真波形图

5. 根据 EDA 技术实验箱的可编程逻辑器件型号、I/O 分布进行器件选择，引脚锁定，编程下载，最后进行硬件测试，验证设计电路的正确性。即将拨位开关 KD1、KD2、KD3 分别作为全加器输入的加数 ain、被加数 bin、低位来的进位 cin，LED1、LED2 分别作为全加器进位 cout 和全加和 sum，记录全加器的实验结果，填入实验报告。灯亮表示'1'(高电平)，灯灭表示'0'(低电平)。

五、实验报告

1. 列出全加器的真值表，打印或画出全加器的仿真波形图。

2. 1 位全加器的设计方法很多，画出另外一种设计方法的原理图。

3. 多位全加器是在 1 位全加器的原理上扩展而成的，参考 1 位全加器的层次化设计方法，设计出原理图输入的 4 位串行进位加法器。

实验二十三

基于 VHDL 语言的 4 位二进制加法计数器电路的设计

一、实验目的

1. 用 VHDL 文本输入法设计 4 位二进制加法计数器电路。

2. 熟悉时序电路的设计、仿真和硬件测试。

二、实验原理

4 位二进制加法计数器是在时钟脉冲 CLK 的上升沿到来时进行加法计数的电路，在 Quartus II 软件中，用 VHDL 语言设计的 4 位二进制加法计数器电路的元件符号如图 23-1 所示。CLK 是时钟输入端，上升沿有效；CLRN 是复位输入端，低电平有效；Q[3..0]是计数器的状态输出端；COUT 是进位输出端。

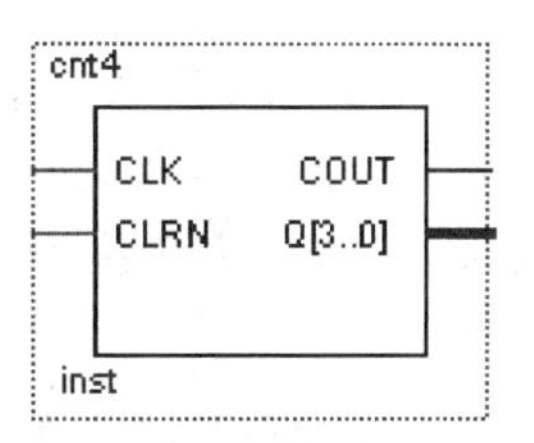

图 23-1 4 位二进制加法计数器的元件符号

三、实验设备与器件

1. 计算机(预装 Quartus II 软件)。

2. EDA 技术实验箱。

四、实验内容

1. 在 Quartus II 软件中，先建立 4 位二进制加法计数器的工程项目 cnt4，并保存在文件夹 E:\cnt4。

2. 在 Quartus II 软件的文本编辑窗口，输入 4 位二进制加法计数器的 VHDL 文本文件，并以 cnt4.vhd 为文件名保存于工程目录 E:\cnt4 中。

```
LIBRARY IEEE;
USE IEEE.STD_LOGIC_1164.ALL;
ENTITY cnt4 IS
```

```
        PORT( CLK,CLRN:IN STD_LOGIC;
                    COUT:OUT STD_LOGIC;
                        Q:BUFFER INTEGER RANGE 0 TO 15);
    END cnt4;
    ARCHITECTURE one OF cnt4 IS
    BEGIN
        PROCESS(CLK)
        BEGIN
          IF CLRN = '0' THEN Q< = 0;
              ELSIF CLK'EVENT AND CLK = '1' THEN
                  IF Q = 15 THEN Q< = 0;
                  ELSE Q< = Q + 1;
                  END IF;
          END IF;
            IF Q = 15 THEN COUT< = '1';
            ELSE COUT< = '0';
            END IF;
        END PROCESS;
    END one;
```

3. 在 Quartus II 软件中，对 4 位二进制加法计数器的工程项目 cnt4 进行编译。然后新建一个波形文件，打开波形编辑窗口，编辑 4 位二进制加法计数器设计电路的仿真文件，其功能仿真波形如图 23 - 2 所示，可以看出设计电路的逻辑功能是正确的。

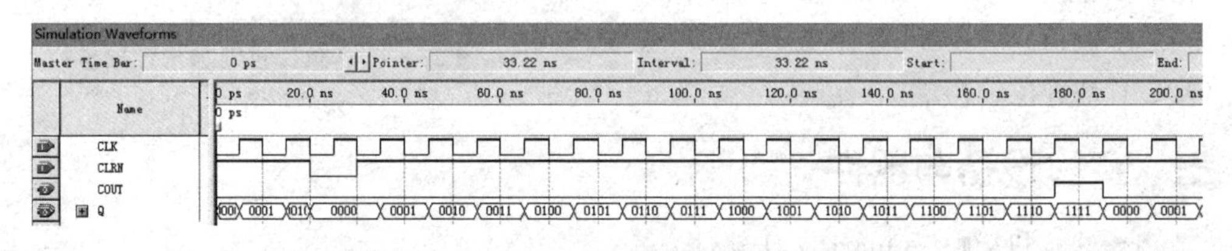

图 23 - 2　4 位二进制加法计数器的仿真波形图

4. 选择 EDA 技术实验箱可编程逻辑器件目标芯片，确定输入、输出端口与目标芯片引脚的连接关系，并进行引脚锁定后重新编译，将编程下载文件下载到目标芯片进行硬件测试，验证 4 位二进制加法计数器设计电路的正确性。

五、实验报告

1. 根据 4 位二进制加法计数器实验内容写出实验报告。
2. 参考 4 位二进制加法计数器的设计方法，设计十进制加法计数器电路。

实验二十四

基于 VHDL 语言的十进制加法计数、译码和显示电路的设计

一、实验目的

1. 掌握用 VHDL 语言设计计数、译码和显示电路。
2. 熟悉用 VHDL 语言设计复杂的数字系统。

二、实验原理

十进制加法计数器完成对时钟脉冲的计数，并将计数结果通过显示译码器进行译码，最后由七段数码管进行显示。

三、实验设备与器件

1. 计算机(预装 Quartus II 软件)。
2. EDA 技术实验箱。

四、实验内容

1. 在 Quartus II 软件中，先建立十进制计数、译码和显示电路的工程项目 top，并保存在文件夹 E:\ top。

2. 在 Quartus II 的 VHDL 文本编辑窗口，输入十进制加法计数器的 VHDL 文本文件，并以 cnt10. vhd 为文件名保存于工程目录 E:\top 中。其十进制加法计数器的元件符号如图 24 - 1 所示，其中 clk 为计数时钟，ena 为计数使能信号，cout 为进位信号，q[3..0]为计数器输出，仿真波形如图 24 - 2 所示。

```
LIBRARY IEEE;
USE IEEE.STD_LOGIC_1164.ALL;
ENTITY cnt10   IS
    PORT(clk,ena:IN STD_LOGIC;
         cout:OUT STD_LOGIC;
         q:BUFFER INTEGER RANGE 0 TO 9);
```

```
END cnt10 ;
ARCHITECTURE one OF cnt10   IS
BEGIN
PROCESS(clk,ena)
    BEGIN
        IF clk'EVENT AND clk = '1' THEN
            IF ena = '1' THEN
                IF q = 9 THEN q< = 0;
                          cout< = '0';
                    ELSIF q = 8 THEN q< = q + 1;
                            cout< = '1';
                    ELSE q< = q + 1;
                END IF;
            END IF;
        END IF;
    END PROCESS;
END one;
```

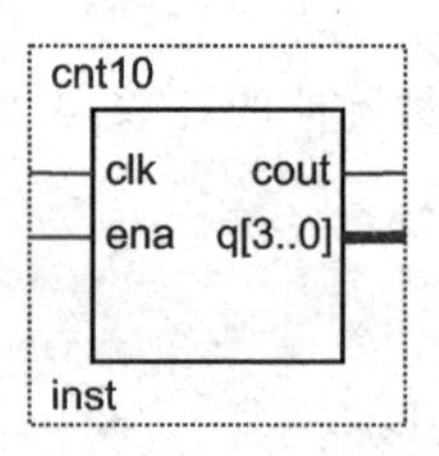

图 24 - 1 十进制加法计数器元件符号

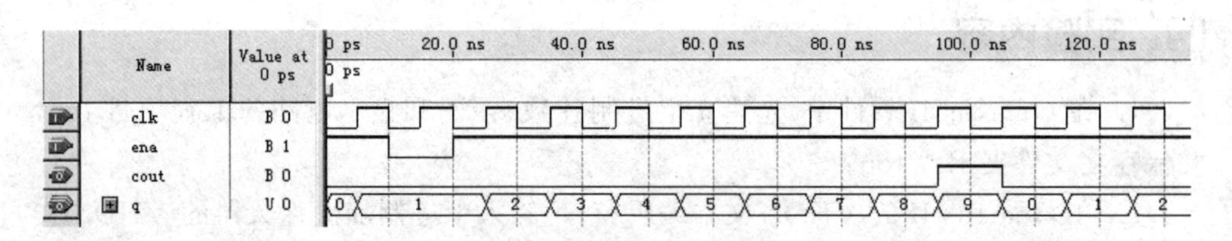

图 24 - 2 十进制加法计数器仿真波形图

3. 在 Quartus II 的 VHDL 文本编辑窗口，输入显示译码电路的 VHDL 文本文件，并以 DELED. vhd 为文件名保存于工程目录 E:\top 中，其中 S[3..0]为显示译码器的输入，a、b、c、d、e、f、g 为七段显示输出，其显示译码电路元件符号如图 24 - 3 所示。

```
LIBRARY IEEE;
USE IEEE.STD_LOGIC_1164.ALL;
ENTITY DELED IS
```

```
PORT(
      S: IN STD_LOGIC_VECTOR(3 DOWNTO 0);
      a,b,c,d,e,f,g,h: OUT STD_LOGIC);
END DELED;
ARCHITECTURE BEHAV OF DELED IS
SIGNAL DATA:STD_LOGIC_VECTOR(3 DOWNTO 0);
SIGNAL DOUT:STD_LOGIC_VECTOR(7 DOWNTO 0);
BEGIN
DATA<=S;
PROCESS(DATA)
BEGIN
CASE  DATA IS
WHEN "0000" =>DOUT<="00111111";
WHEN "0001" =>DOUT<="00000110";
WHEN "0010" =>DOUT<="01011011";
WHEN "0011" =>DOUT<="01001111";
WHEN "0100" =>DOUT<="01100110";
WHEN "0101" =>DOUT<="01101101";
WHEN "0110" =>DOUT<="01111101";
WHEN "0111" =>DOUT<="00000111";
WHEN "1000" =>DOUT<="01111111";
WHEN "1001" =>DOUT<="01101111";
WHEN "1010" =>DOUT<="01110111";
WHEN "1011" =>DOUT<="01111100";
WHEN "1100" =>DOUT<="00111001";
WHEN "1101" =>DOUT<="01011110";
WHEN "1110" =>DOUT<="01111001";
WHEN "1111" =>DOUT<="01110001";
WHEN OTHERS=>DOUT<="00000000";
END CASE;
END PROCESS;
h<=DOUT(7);
g<=DOUT(6);
f<=DOUT(5);
e<=DOUT(4);
d<=DOUT(3);
c<=DOUT(2);
b<=DOUT(1);
a<=DOUT(0);
END BEHAV;
```

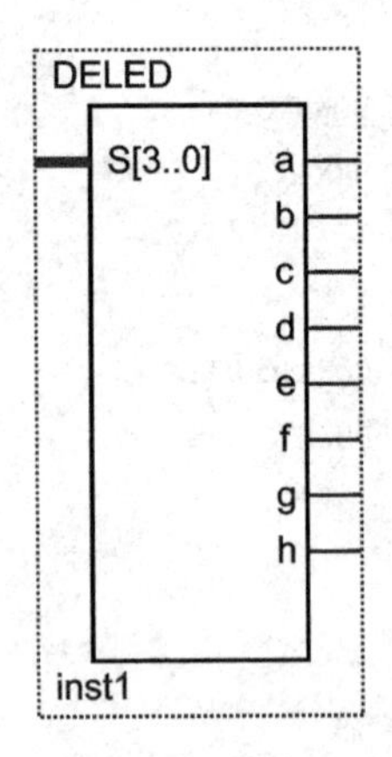

图 24-3　显示译码电路元件符号

4. 设计十进制计数、译码和显示电路的顶层文件 top. bdf。在工程项目 top 下，在 Quartus II 的原理图编辑窗口，将十进制加法计数器的元件符号 cnt10 和显示译码电路元件符号 DELED 调出，并按图 24-4 连接，完成的顶层文件用 top. bdf 作为文件名保存在工程目录 E:\ top 中，其仿真波形如图 24-5 所示。

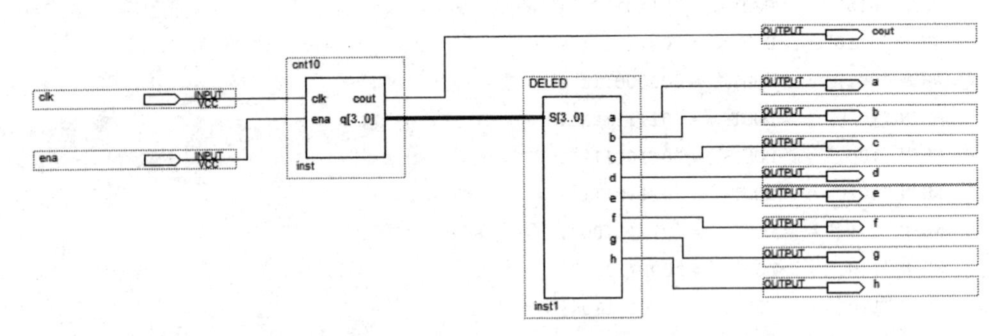

图 24-4　十进制计数、译码和显示电路图

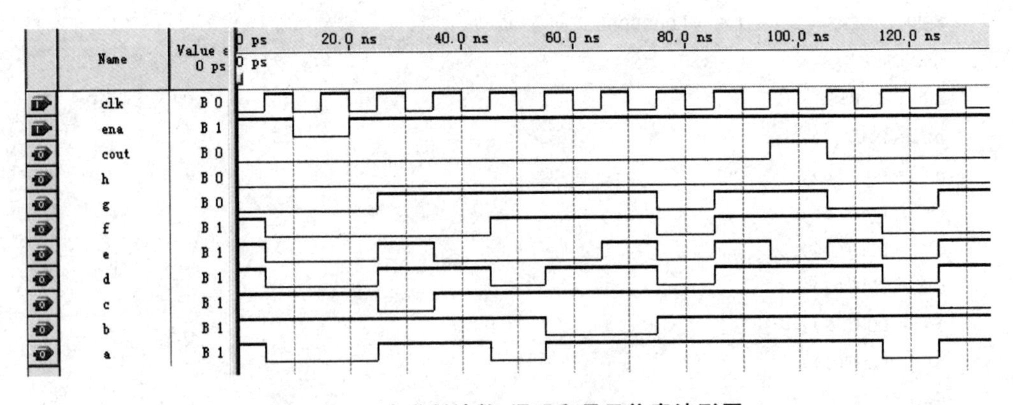

图 24-5　十进制计数、译码和显示仿真波形图

5. 引脚锁定及编程下载。根据 ZY11203E 型 EDA 技术实验箱 FPGA 目标芯片 EP1K30QC208－2 引脚排列图进行引脚锁定，并添加位选信号 sel2、sel1、sel0，如图 24－6 所示，就可以下载到目标芯片进行逻辑功能验证了。（注意：实验时根据所使用的具体 EDA 实验箱选择目标芯片及引脚）

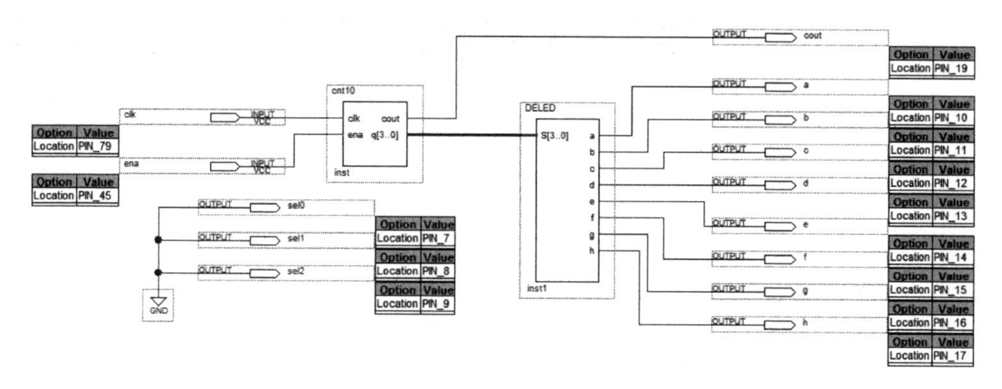

图 24－6　计数、译码和显示电路引脚锁定

五、实验报告

1. 根据实验内容完成实验报告。

2. 参考十进制加法计数、译码、显示电路的设计方法，设计二十四进制加法和六十进制加法计数、译码和显示电路。

实验二十五

基于 VHDL 语言的多功能数字钟的设计

一、实验目的

1. 掌握时序逻辑电路的综合应用。

2. 掌握 CPLD/FPGA 的层次化设计方法。

二、实验原理

设计一个小时、分钟可调并可在整点前报警的数字钟。数字钟具有时、分、秒计数显示功能,并具有清零、调分和调时的功能,而且在接近整点时间时能提供报时信号。其中小时为二十四进制计时,分和秒为六十进制计时。

三、实验设备与器件

1. 计算机(预装 Quartus II 软件)

2. EDA 技术实验箱。

四、实验内容

1. 在 Quartus II 软件中,先建立数字钟的工程项目 time,并保存在文件夹 E:\time 中。

2. 在数字钟的工程项目 time 中,利用 Quartus II 软件的 VHDL 文本编辑器分别设计秒、分、时计数器的 VHDL 程序,并分别生成相应的元件符号 second、minute、HOUR,分别如图 25-1、图 25-2、图 25-3 所示。

(1) 秒计时器 VHDL 程序及其元件符号

```
LIBRARY IEEE;
USE IEEE.STD_LOGIC_1164.ALL;
USE IEEE.STD_LOGIC_UNSIGNED.ALL;
ENTITY second IS
PORT(reset,clk,clk2,setmin : IN STD_LOGIC;
```

```
        daout : OUT STD_LOGIC_VECTOR(7 DOWNTO 0);
        enmin : OUT STD_LOGIC);
END second;
ARCHITECTURE BEHAV OF second IS
SIGNAL COUNT : STD_LOGIC_VECTOR(3 DOWNTO 0);
SIGNAL COUNTER : STD_LOGIC_VECTOR(3 DOWNTO 0);
SIGNAL CARRY_OUT1 : STD_LOGIC;
SIGNAL CARRY_OUT2 : STD_LOGIC;
BEGIN
P1: PROCESS(reset,clk)
BEGIN
IF reset = '0' THEN
   COUNT< = "0000";
   COUNTER< = "0000";
ELSIF(clk'EVENT AND clk = '1') THEN
      IF (COUNTER<5) THEN
           IF (COUNT = 9) THEN
                COUNT< = "0000";
                COUNTER< = COUNTER + 1;
           ELSE
                COUNT< = COUNT + 1;
           END IF;
           CARRY_OUT1< = '0';
      ELSE
           IF (COUNT = 9) THEN
           COUNT< = "0000";
           COUNTER< = "0000";
           CARRY_OUT1< = '1';
           ELSE
           COUNT< = COUNT + 1;
           CARRY_OUT1< = '0';
           END IF;
      END IF;
END IF;
IF(clk2'EVENT AND clk2 = '1') THEN
enmin< = CARRY_OUT1 OR setmin;
END IF;
END PROCESS;
daout(7 DOWNTO 4)< = COUNTER;
daout(3 DOWNTO 0)< = COUNT;
END BEHAV;
```

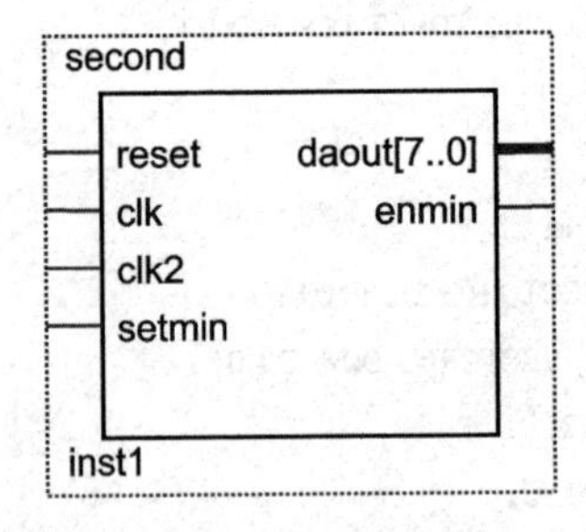

图 25－1　秒计时器元件符号

(2) 分计时器 VHDL 程序及其元件符号

```
LIBRARY IEEE;
USE IEEE.STD_LOGIC_1164.ALL;
USE IEEE.STD_LOGIC_UNSIGNED.ALL;
ENTITY minute IS
PORT(reset,clk,clk2,sethour: IN STD_LOGIC;
      daout : OUT STD_LOGIC_VECTOR(7 DOWNTO 0);
      enhour : OUT STD_LOGIC);
END minute;
ARCHITECTURE BEHAV OF minute IS
SIGNAL COUNT : STD_LOGIC_VECTOR(3 DOWNTO 0);
SIGNAL COUNTER : STD_LOGIC_VECTOR(3 DOWNTO 0);
SIGNAL CARRY_OUT1 : STD_LOGIC;
SIGNAL CARRY_OUT2 : STD_LOGIC;
SIGNAL SETHOUR1 : STD_LOGIC;
BEGIN
P1: PROCESS(reset,clk)
BEGIN
IF reset = '0' THEN
    COUNT<= "0000";
    COUNTER<= "0000";
ELSIF(clk'EVENT AND clk = '1') THEN
    IF (COUNTER<5) THEN
        IF (COUNT = 9) THEN
            COUNT<= "0000";
            COUNTER<= COUNTER + 1;
        ELSE
            COUNT<= COUNT + 1;
        END IF;
        CARRY_OUT1<= '0';
    ELSE
```

```
            IF (COUNT = 9) THEN
              COUNT<= "0000";
              COUNTER<= "0000";
              CARRY_OUT1<= '1';
            ELSE
            COUNT<= COUNT + 1;
            CARRY_OUT1<= '0';
            END IF;
        END IF;
    END IF;
    IF(clk2'EVENT AND clk2 = '1') THEN
    SETHOUR1<= SETHOUR;
    END IF;
      END PROCESS;
      P2: PROCESS(clk)
    BEGIN
    IF(clk'EVENT AND clk = '0') THEN
        IF (COUNTER = 0) THEN
            IF (COUNT = 0) THEN
                CARRY_OUT2<= '0';
            END IF;
        ELSE
                CARRY_OUT2<= '1';
        END IF;
      END IF;
      END PROCESS;
    daout(7 DOWNTO 4)<= COUNTER;
    daout(3 DOWNTO 0)<= COUNT;
    enhour<= (CARRY_OUT1 AND CARRY_OUT2) OR SETHOUR1;
    END BEHAV;
```

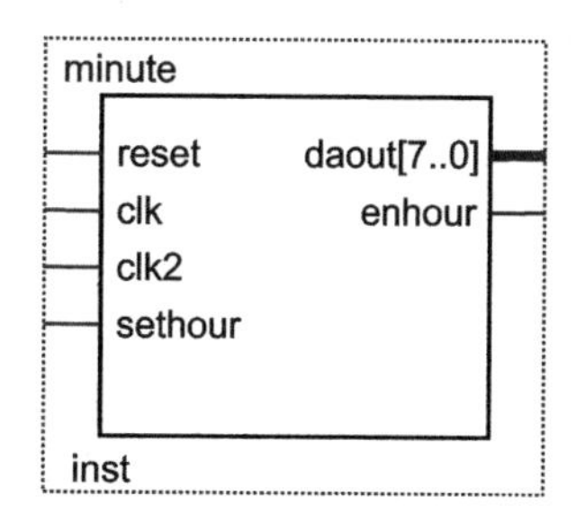

图 25-2 分计时器元件符号

(3) 小时计时器 VHDL 程序及其元件符号

```
LIBRARY IEEE;
USE IEEE.STD_LOGIC_1164.ALL;
USE IEEE.STD_LOGIC_UNSIGNED.ALL;
ENTITY HOUR IS
PORT(reset,clk : IN STD_LOGIC;
      daout : OUT STD_LOGIC_VECTOR(7 DOWNTO 0));
END HOUR;
ARCHITECTURE BEHAV OF HOUR IS
SIGNAL COUNT : STD_LOGIC_VECTOR(3 DOWNTO 0);
SIGNAL COUNTER : STD_LOGIC_VECTOR(3 DOWNTO 0);
BEGIN
P1: PROCESS(reset,clk)
BEGIN
IF reset = '0' THEN
    COUNT<= "0000";
    COUNTER<= "0000";
ELSIF(clk'EVENT AND clk = '1') THEN
    IF (COUNTER<2) THEN
    IF (COUNT = 9) THEN
        COUNT<= "0000";
        COUNTER<= COUNTER + 1;
    ELSE
        COUNT<= COUNT + 1;
    END IF;
    ELSE
        IF (COUNT = 3) THEN
        COUNT<= "0000";
        COUNTER<= "0000";
    ELSE
        COUNT<= COUNT + 1;
    END IF;
    END IF;
    END IF;
    END PROCESS;
 daout(7 DOWNTO 4)<= COUNTER;
 daout(3 DOWNTO 0)<= COUNT;
 END BEHAV;
```

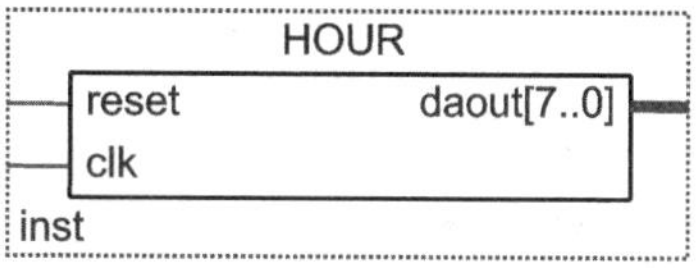

图 25-3　时计时器元件符号

3. 在数字钟的工程项目 time 中，利用 Quartus II 软件的 VHDL 文本编辑器，分别设计驱动 8 位七段共阴极扫描数码管的片选驱动信号 SELTIME 和七段码输出 DELED，其 VHDL 程序如下，元件符号分别如图 25-4、图 25-5 所示。

(1) 数码管扫描片选驱动 VHDL 程序及其元件符号

```
LIBRARY IEEE;
USE IEEE.STD_LOGIC_1164.ALL;
USE IEEE.STD_LOGIC_UNSIGNED.ALL;
ENTITY SELTIME IS
PORT(
        ckdsp : IN STD_LOGIC;
        reset : IN STD_LOGIC;
        second : IN STD_LOGIC_VECTOR(7 DOWNTO 0);
        minute : IN STD_LOGIC_VECTOR(7 DOWNTO 0);
        hour : IN STD_LOGIC_VECTOR(7 DOWNTO 0);
        daout : OUT STD_LOGIC_VECTOR(3 DOWNTO 0);
        sel : OUT STD_LOGIC_VECTOR(2 DOWNTO 0));
END SELTIME;
ARCHITECTURE BEHAV OF SELTIME IS
SIGNAL SEC : STD_LOGIC_VECTOR(2 DOWNTO 0);
BEGIN
PROCESS(reset,ckdsp)
BEGIN
IF(reset = '0') THEN
    sec<= "000";
ELSIF(ckdsp'EVENT AND ckdsp = '1') THEN
IF(sec = "101") THEN
    sec<= "000";
ELSE
    sec<= sec + 1;
END IF;
END IF;
END PROCESS;
PROCESS(sec,second,minute,hour)
BEGIN
```

```
CASE sec IS
WHEN "000" = >daout< = second(3 DOWNTO 0);
WHEN "001" = >daout< = second(7 DOWNTO 4);
WHEN "010" = >daout< = minute(3 DOWNTO 0);
WHEN "011" = >daout< = minute(7 DOWNTO 4);
WHEN "100" = >daout< = HOUR(3 DOWNTO 0);
WHEN "101" = >daout< = HOUR(7 DOWNTO 4);
WHEN OTHERS = >daout< = "XXXX";
END CASE;
END PROCESS;
sel< = SEC;
END BEHAV;
```

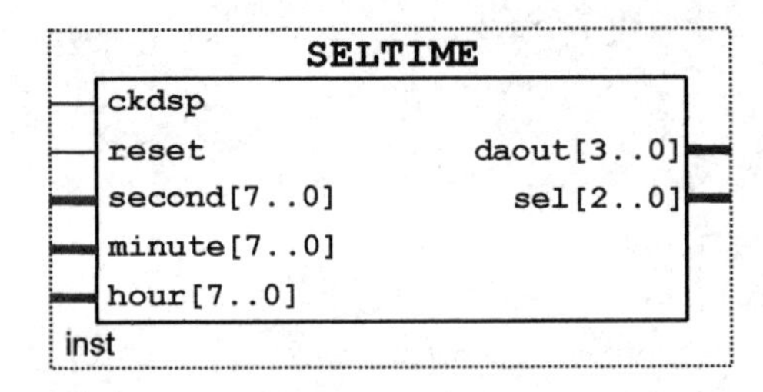

图 25-4 数码管扫描及片选驱动的元件符号

(2) 七段译码电路 VHDL 程序及元件符号

```
LIBRARY IEEE;
USE IEEE.STD_LOGIC_1164.ALL;
ENTITY DELED IS
PORT(
        s: IN STD_LOGIC_VECTOR(3 DOWNTO 0);
        A,B,C,D,E,F,G,H: OUT STD_LOGIC);
END DELED;
ARCHITECTURE BEHAV OF DELED IS
SIGNAL DATA:STD_LOGIC_VECTOR(3 DOWNTO 0);
SIGNAL DOUT:STD_LOGIC_VECTOR(7 DOWNTO 0);
BEGIN
DATA< = s;
PROCESS(DATA)
BEGIN
CASE  DATA IS
WHEN "0000" = >DOUT< = "00111111";
WHEN "0001" = >DOUT< = "00000110";
WHEN "0010" = >DOUT< = "01011011";
```

```
WHEN "0011" = >DOUT< = "01001111";
WHEN "0100" = >DOUT< = "01100110";
WHEN "0101" = >DOUT< = "01101101";
WHEN "0110" = >DOUT< = "01111101";
WHEN "0111" = >DOUT< = "00000111";
WHEN "1000" = >DOUT< = "01111111";
WHEN "1001" = >DOUT< = "01101111";
WHEN "1010" = >DOUT< = "01110111";
WHEN "1011" = >DOUT< = "01111100";
WHEN "1100" = >DOUT< = "00111001";
WHEN "1101" = >DOUT< = "01011110";
WHEN "1110" = >DOUT< = "01111001";
WHEN "1111" = >DOUT< = "01110001";
WHEN OTHERS = >DOUT< = "00000000";
END CASE;
END PROCESS;
H< = DOUT(7);
G< = DOUT(6);
F< = DOUT(5);
E< = DOUT(4);
D< = DOUT(3);
C< = DOUT(2);
B< = DOUT(1);
A< = DOUT(0);
END BEHAV;
```

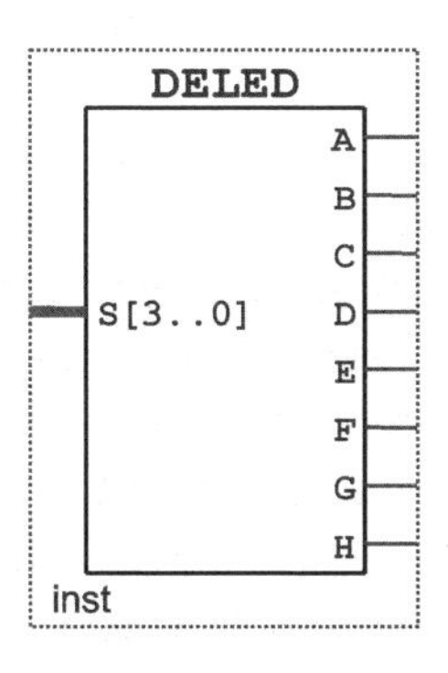

图 25-5 七段译码电路元件符号

4. 在数字钟的工程项目 time 中，利用 Quartus II 软件的 VHDL 文本编辑器设计喇叭在整点时的报时驱动信号 ALERT，以及 LED 灯在整点时的花样显示信号 lamp[8..0]。其中 ALERT 模块产生整点报时的驱动信号 speak 和 LED 灯花样显示信号 lamp[8..0]。在分位计数到 59 分时，秒位为 51 秒、53 秒、55 秒、57 秒、59 秒时扬声器会发出 1 s 左右的告警音，并且 51 秒、53 秒、55 秒、57 秒为低音，59 秒为高音。其 VHDL 程序如下，元件符号如图 25 - 6 所示。

```
LIBRARY IEEE;--整点报时驱动 VHDL 程序
USE IEEE.STD_LOGIC_1164.ALL;
USE IEEE.STD_LOGIC_UNSIGNED.ALL;
ENTITY ALERT IS
PORT(
      clkspk : IN STD_LOGIC;
      second : IN STD_LOGIC_VECTOR(7 DOWNTO 0);
      minute : IN STD_LOGIC_VECTOR(7 DOWNTO 0);
      speak : OUT STD_LOGIC;
      lamp : OUT STD_LOGIC_VECTOR(8 DOWNTO 0));
END ALERT;
ARCHITECTURE BEHAV OF ALERT IS
SIGNAL DIVCLKSPK2 : STD_LOGIC;
BEGIN
P1: PROCESS(CLKSPK)
BEGIN
IF (clkspk'EVENT AND clkspk = '1') THEN
    DIVCLKSPK2 <= NOT DIVCLKSPK2;
END IF;
END PROCESS;
P2: PROCESS(second,minute)
BEGIN
IF (minute = "01011001") THEN
CASE second IS
WHEN "01010001" => LAMP <= "000000001";SPEAK <= DIVCLKSPK2;
WHEN "01010010" => LAMP <= "000000010";SPEAK <= '0';
WHEN "01010011" => LAMP <= "000000100";SPEAK <= DIVCLKSPK2;
WHEN "01010100" => LAMP <= "000001000";SPEAK <= '0';
WHEN "01010101" => LAMP <= "000010000";SPEAK <= DIVCLKSPK2;
WHEN "01010110" => LAMP <= "000100000";SPEAK <= '0';
WHEN "01010111" => LAMP <= "001000000";SPEAK <= DIVCLKSPK2;
WHEN "01011000" => LAMP <= "010000000";SPEAK <= '0';
WHEN "01011001" => LAMP <= "100000000";SPEAK <= CLKSPK;
WHEN OTHERS => LAMP <= "000000000";
END CASE;
END IF;
END PROCESS;
END BEHAV;
```

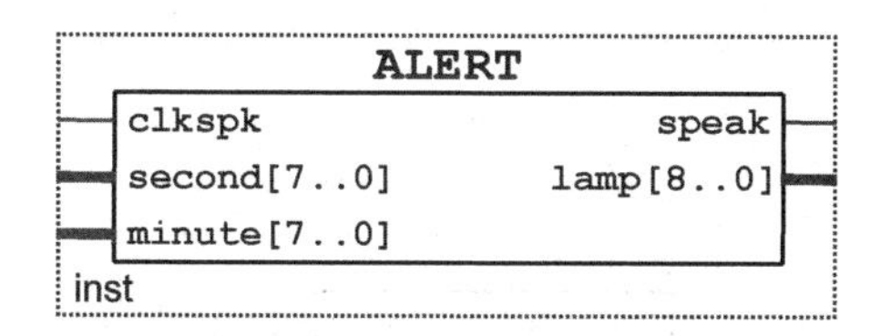

图 25 - 6　整点报时驱动电路元件符号

5. 在数字钟的工程项目 time 中，利用 Quartus II 软件的 VHDL 文本编辑器设计在 second 模块与 minute 模块之前加入按键抖动消除模块 debounce。抖动消除电路实际就是一个倒数计数器，主要目的是避免按键时键盘产生的按键抖动效应使按键输入信号(在程序中用 key_pressed 表示)产生不必要的抖动，而造成重复统计按键次数的结果。因此只需将按键输入信号作为计数器的重置输入，使计数器只有在使用者按下按键，且在输入信号等于“0”时间足够长的一次使重置无动作时，计数器才开始倒数计数，自然可将输入信号在短时间内变为“0”的情况滤除掉。其 VHDL 程序如下，元件符号如图 25 - 7 所示。

```
LIBRARY IEEE; - - 按键抖动消除模块 VHDL 程序
USE IEEE.STD_LOGIC_1164.ALL;
USE IEEE.STD_LOGIC_UNSIGNED.ALL;
ENTITY debounce IS
PORT(
key_pressed:IN STD_LOGIC; - - 按键输入信号
clk: IN STD_LOGIC; - - 同步时钟信号
key_valid: OUT STD_LOGIC); - - 按键有效信号
END debounce;
ARCHITECTURE BEHAVE OF DEBOUNCE IS
BEGIN
PROCESS(CLK)
VARIABLE DBNQ:STD_LOGIC_VECTOR(5 DOWNTO 0);
BEGIN
IF (key_pressed = '1')THEN
DBNQ: = "111111"; - - 计数器初始值设置为 63
ELSIF(clk'EVENT AND clk = '1')THEN
IF DBNQ/ = 1 THEN
DBNQ: = DBNQ - 1; - - 倒计数不足时计数器继续减 1
END IF;
END IF;
IF DBNQ = 2 THEN
key_valid< = '1'; - - 当倒计数 63 时按键有效
ELSE
key_valid< = '0'; - - 按键无效
```

```
END IF;
END PROCESS;
END BEHAVE;
```

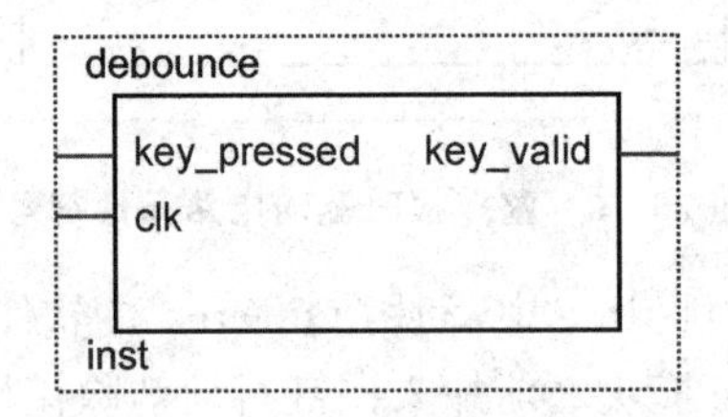

图 25-7　按键抖动消除模块元件符号

6. 在数字钟的工程项目 time 中，利用 Quartus II 软件的原理图输入编辑器，将各部分功能模块根据数字钟的原理连接成整体电路，如图 25-8 所示，并保存为 time. bdf。

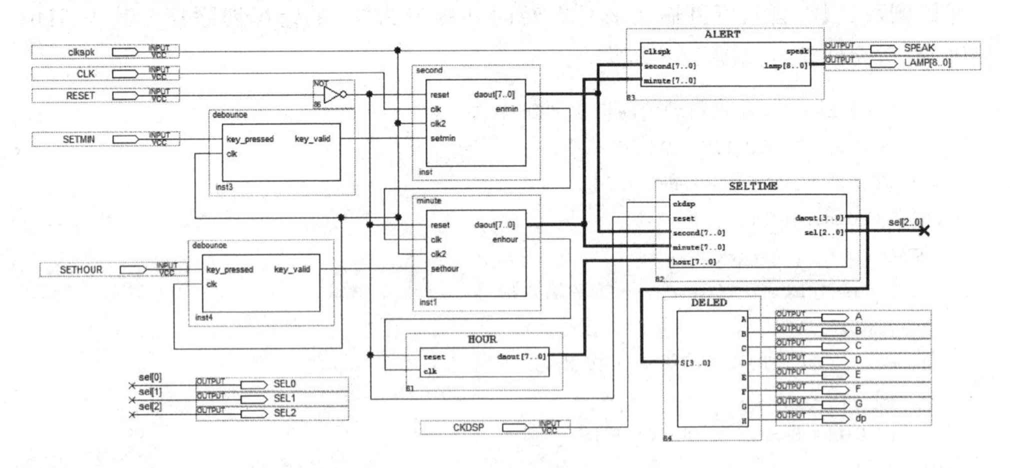

图 25-8　数字钟电路顶层原理图

7. 在 QuartusII 软件中，选择目标芯片，并对数字钟项目 time 进行编译、仿真、锁定引脚并下载到目标芯片。其中秒计时时钟 CLK 接 1 Hz，扬声器驱动时钟 CLK-SPK 接 1 024 Hz，数码管动态扫描时钟 CKDSP 接 32 768 Hz。RESET 为清零控制开关(高电平有效)，SETHOUR、SETMIN 分别为小时调节、分钟调节允许端(低电平允许调节，高电平禁止调节/正常计时)。数码管 SM6～SM1 分别显示小时、分钟、秒。当数字钟计时至 XX 时 59 分 51 秒时，喇叭开始鸣叫报时。其中 51 秒、53 秒、55 秒、57 秒为低音，59 秒为高音。LED1～LED9 在 51 秒至 59 秒时依次闪烁。

五、实验报告

1. 调试并观察数字钟实验结果。
2. 叙述所设计数字钟的工作原理，并画出整个电路的结构框图。

附录 A

数字电子技术实验安全操作规程

1. 实验者应遵守实验室规则，保持操作台整洁，养成良好的操作习惯。

2. 实验前应做好预习，熟悉实验中所用芯片的引脚排列及其功能。

3. 连接线路前应先检查实验箱上插入的芯片是否插反。

4. 连接或者断开线路时，必须断电操作。

5. 连接电路前应先检查芯片的逻辑功能是否正常。

6. 更换芯片时不可以用手直接拔出芯片，应按正确的操作进行更换或报告指导教师。

7. 实验中若发生异常情况（如芯片过热、产生异味等），应立即切断电源。

8. 实验结束时，应拆卸实验电路，整理好导线，关闭实验箱电源。

附录 B

数字电子技术实验常见故障的检测及排除方法

对数字电子技术实验过程中查找和排除故障方法的探讨，可使学生及时掌握适当的方法，以解决问题，同时对学生职业能力的培养、创新能力的提高、实践教学效果的改善都有着重要的意义。

在数字电子技术实验中，凡是对于一定的输入信号或输入序列，不能完成所组成电路应有的逻辑功能，不能产生正确输出信号的现象都称为故障。通过查找和排除故障，可使学生的电子技术实践能力得以培养，使得学生的创新能力得到进一步提高。因此了解和掌握查找、排除故障的基本方法是十分必要的。

一、故障的表现形式

一般说来，在数字电子技术实验中，故障的表现形式主要有器件故障、接线错误、设计错误和测试方法不正确等形式。

1. 器件故障

器件故障是指器件失效或器件接插问题引起的故障，表现为器件工作不正常。其中器件失效肯定会引起工作不正常，需要更换一个好器件。器件接插问题，如引脚折断或者器件的某个(或某些)引脚没插到插座中，芯片插反等，都会使器件工作不正常。器件故障多数因人为操作不当引起的，芯片的插拔和取用方式不正确均会引起损坏，电气接线错误也会导致芯片烧毁或异常。

2. 接线错误

在教学实验中，大约70%以上的故障是由接线错误引起的。常见的接线错误包括接器件的电源、连线与插孔接触不良；连线经多次使用后，有可能外面塑料包皮完好，但内部线断；连线多接、漏接、错接；连线过长、过乱造成干扰等。接线错误造成的现象多种多样，例如器件的某个功能块不工作或工作不正常，器件不工作或发热冒烟，电路中一部分工作状态不稳定等。

3. 设计错误

设计错误自然会造成与预想的结果不一致。原因是对实验要求没有读懂，或者是对所用器件的原理没有掌握。

4. 测试方法不正确

如果不发生上述三种错误，实验一般会成功。但有时测试方法不正确也会引起观测错误。例如，一个稳定的波形，如果用示波器观测，而示波器没有同步，则造成波形不稳的假象。在数字电子技术实验中，尤其要学会正确使用示波器。在对数字电路测试过程中，由于测试仪器、仪表加到被测电路上后，对被测电路相当于一个负载，因此测试过程中也有可能引起电路本身工作状态的改变，这点应引起足够注意。不过，在数字电子技术实验中，这种现象很少发生。

二、故障查找方法及排除步骤

故障查找是检修电器设备电子电路的关键，其任务是查找故障的根本原因。一般来说，常用的检查方法有直观检查法、测量电阻法、测量电压法、元器件替代法等。

结合以上几种方法，按照一定的检查步骤，即采用一种行之有效的检查方法——逐步逼近法，就可以找出故障所在，并进行排除。具体步骤是：

1. 了解、熟悉故障电路及使用的集成电路、元件

这一步主要是针对设计错误进行检查，这就要求首先了解和熟悉全部电路以及使用的集成电路、元件等。

2. 初步检查

主要采用直观检查法对接线错误及部分器件错误进行检查，即对故障电路的电源接入、元器件（主要是集成电路）插接、电路接线等方面进行检查。

3. 找出故障级

这一步主要是在上一步的基础上采用测量电阻法和测量电压法相结合对故障级进行判断，找出故障所在的子电路或者电路部分。

4. 找出故障所在(元件、接线或接点等)

找到故障所在的子电路或者电路部分后，再采用测量电压法或测量电阻法对这部分电路进行仔细检查，直至找到故障所在。需要注意的是，故障可能是元件，也可能是接线或者接点等。

5. 排除故障

找到故障所在后，对故障进行处理。首先需要检查导线是否正常，最直接的方式就是在实验之前将所用到的导线全部串联到一起，然后用万能表采用“折半检查法”对导线的好坏进行判定，然后进行导线的替换。对数字电子技术实验中遇到的集成电路故障，可采用元器件替代法进行故障排除。需要注意的是，插拔集成电路时必须

先断电，器件型号必须核对无误，同时还要注意器件不要插反或者插错位置。

综上所述，引起数字电子技术实验故障的原因很多，检测及排除方法也要按照具体情况具体分析，同学们在实验过程中有必要专门积累和记录故障情况、排除故障的过程和对此类故障的分析心得，遇到故障从某种意义上讲是有益于学习和深入的，排除故障的过程本身就是实践水平的提升过程。

附录 C

电子电路仿真软件 Multisim 及其使用方法

一、Multisim 软件简介

Multisim 软件是美国国家仪器(NI)有限公司推出的一个专门用于电子电路仿真与设计的 EDA 工具软件,适用于板级的模拟/数字电路板的设计工作。它包含了电路原理图的图形输入、电路硬件描述语言输入方式,具有丰富的仿真分析能力。Multisim 软件结合了直观的捕捉和功能强大的仿真,能够快速、轻松、高效地对电路进行设计和验证。Multisim 可以立即创建具有完整组件库的电路图,并利用工业标准 SPICE 模拟器模仿电路行为。借助专业的高级 SPICE 分析和虚拟仪器,在设计流程中,使用者运用 Multisim 可提早对电路设计进行迅速验证,从而缩短建模循环时间。

作为 Windows 下运行的个人桌面电子设计工具,Multisim 是一个完整的集成化设计环境。Multisim 计算机仿真与虚拟仪器技术可以很好地解决理论教学与实际动手实验相脱节这一问题。学生可以很方便地把刚刚学到的理论知识用计算机仿真真实地再现出来,并且可以用虚拟仪器技术创造出真正属于自己的仪表。Multisim 软件绝对是电子学教学的首选软件工具。

二、Multisim 软件的特点

1. 直观的图形界面

整个操作界面就像一个电子实验工作台,绘制电路所需的元器件和仿真所需的测试仪器均可直接拖放到屏幕上,轻点鼠标可用导线将它们连接起来,软件仪器的控制面板和操作方式都与实物相似,测量数据、波形和特性曲线如同在真实仪器上看到的。

2. 丰富的元器件

提供了世界主流元件提供商的超过 17 000 多种元件,同时能方便地对元件的各种参数进行编辑修改,能利用模型生成器以及代码模式创建模型等功能,创建自己的元器件。

3. 强大的仿真能力

以 SPICE3F5 和 Xspice 的内核作为仿真的引擎，通过 Electronic Workbench 带有的增强设计功能将数字和混合模式的仿真性能进行优化。包括 SPICE 仿真、RF 仿真、MCU 仿真、VHDL 仿真、电路向导等功能。

4. 丰富的测试仪器

Multisim 提供了 22 种虚拟仪器进行电路动作的测量。这些仪器的设置和使用与真实的一样。除了 Multisim 提供的默认的仪器外，还可以创建 LabView 的自定义仪器，使得在图形环境中可以灵活地升级测试、测量及控制应用程序的仪器。

5. 完备的分析手段

Multisim 提供了许多分析功能，包括用户自定义分析。这些功能利用仿真产生的数据执行分析，分析范围很广，从基本的到极端的到不常见的都有，并可以将一个分析作为另一个分析的一部分自动执行。集成 LabView 和 Signal express 可快速进行原型开发和测试设计，具有符合行业标准的交互式测量和分析功能。

6. 独特的射频(RF)模块

提供基本射频电路的设计、分析和仿真。射频模块由 RF - specific(射频特殊元件，包括自定义的 RF SPICE 模型)、用于创建用户自定义的 RF 模型的模型生成器、两个 RF - specific 仪器(Spectrum Analyzer 频谱分析仪和 Network Analyzer 网络分析仪)、一些 RF - specific 分析(电路特性、匹配网络单元、噪声系数)等组成。

7. 强大的 MCU 模块

支持 4 种类型的单片机芯片，支持对外部 RAM、外部 ROM、键盘和 LCD 等外围设备的仿真，分别对 4 种类型芯片提供汇编和编译支持；所建项目支持 C 代码、汇编代码以及十六进制代码，并兼容第三方工具源代码；包含设置断点、单步运行、查看和编辑内部 RAM、特殊功能寄存器等高级调试功能。

8. 完善的后处理

对分析结果进行的数学运算操作类型包括算术运算、三角运算、指数运算、对数运算、复合运算、向量运算和逻辑运算等.

9. 详细的报告

能够呈现材料清单、元件详细报告、网络报表、原理图统计报告、多余门电路报告、模型数据报告、交叉报表 7 种报告。

10. 兼容性好的信息转换

提供了转换原理图和仿真数据到其他程序的方法，可以输出原理图到 PCB 布线(如 Ultiboard、OrCAD、PADS Layout2005、P - CAD 和 Protel)；输出仿真结果到

MathCAD、Excel 或 LabView；输出网络表文件；向前和返回注；提供 Internet Design Sharing（互联网共享文件）。

三、Multisim 的安装与界面

1. Multisim 的安装

Multisim 最新的版本号是 14，包含在 NI 的电子设计套件 Circuit Design Suite 14.1 中。该版本支持最新的 64 位 Windows 10 操作系统，建议选择教育版（Education）进行学习和研究。可在网上下载简体中文语言包，对软件进行大部分汉化。

2. Multisim 的窗口界面

运行主程序后，在打开的界面中可以看到菜单栏、系统工具栏、元（器）件库、仪表工具栏、设计工具栏、主操作窗口等，如图 C－1 所示。

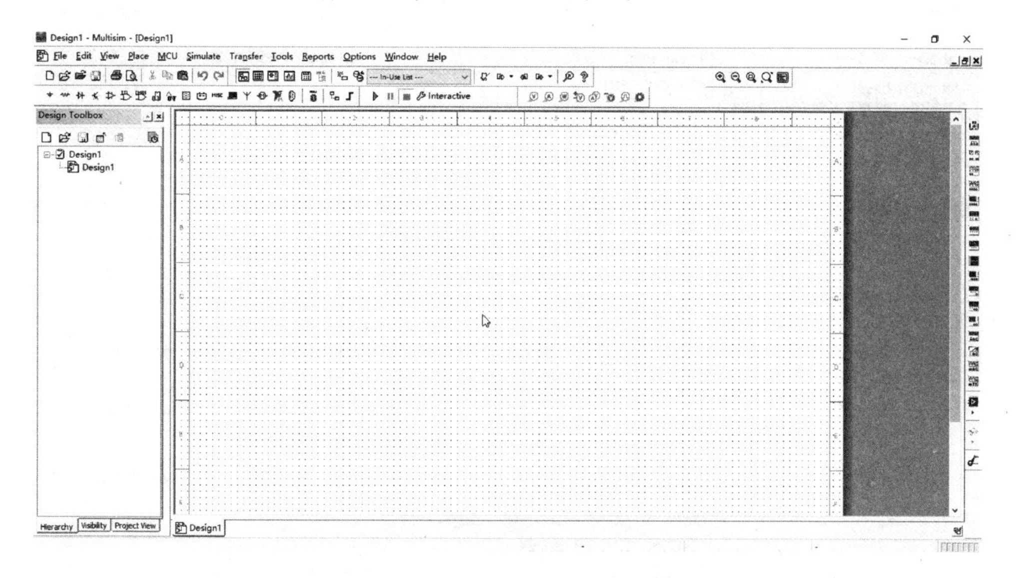

图 C－1　Multisim 的窗口界面

元（器）件库中包括电源、基本元件、二极管、晶体管、模拟元件、TTL 器件、CMOS 器件、数字元件、混合器件、指示器件、功率器件、其他器件、高级外设、射频元件、机电类器件、NI 元器件、连接器、MCU、来自文件的层次块和总线类。

仪器工具包括数字万用表、函数发生器、瓦特表、示波器、四通道示波器、波特测试仪、频率计数器、字信号发生器、逻辑转换仪、逻辑分析仪、IV 分析仪、失真分析仪、频谱分析仪、网络分析仪等。

电路图显示设置可以在菜单栏“选项”（Option）下的“电路图属性”（Sheet Properties）里进一步设定。电路图可见性、颜色方案、工作区显示选项、布线选项、字体、PCB 和图层设置均可在该窗口内根据需要自行设定。

四、建立并编辑电路

1. 建立电路文件

打开 Multisim 程序时会自动打开一个空白的电路文件。电路的颜色、尺寸、显示模式基于已设定好的设置，也可自行设置新的模式。

2. 在电路窗口中放置元件

Multisim 提供三个层次的元件数据库：主数据库(Master)、企业数据库(Corporate)和用户数据库(User)。默认从主数据库中选择元件。工具栏中的元件是默认可见的。每类元件对应一个按钮。点击某一按钮后，可在弹出的窗口中选择所需的元件，如图 C-2 所示。

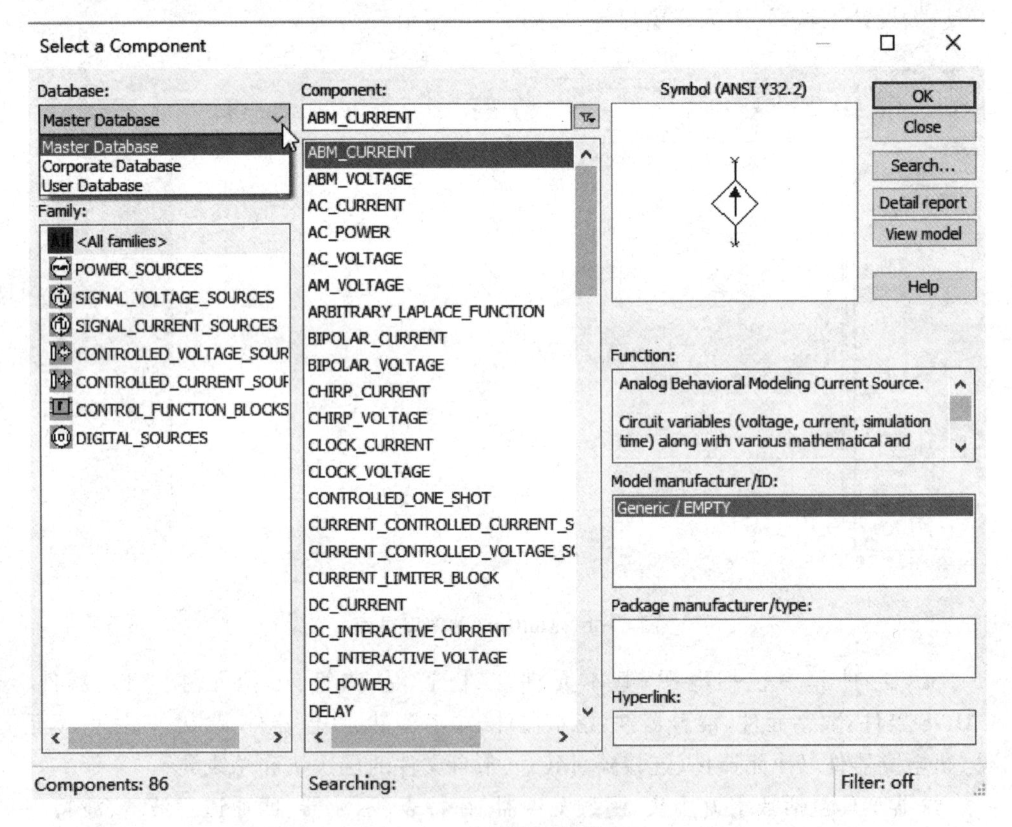

图 C-2　电路选择元件窗口

双击已经放置好的元件，可以对其参数进行修改，也可以设置元件周围的描述性文本。右键单击元件可以旋转元件的方向。

3. 给元件连线

放置元件后，需要给元件连线。Multisim 有自动和手工两种连线方法。自动连

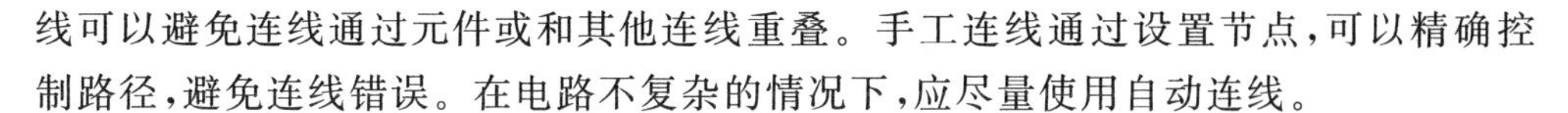

线可以避免连线通过元件或和其他连线重叠。手工连线通过设置节点，可以精确控制路径，避免连线错误。在电路不复杂的情况下，应尽量使用自动连线。

4. 为电路增加文本

Multisim 允许增加标题栏和文本来注释电路。

5. 给电路添加仪器仪表

Multisim 提供虚拟仪表，用于测试电路。这些仪表的使用和读数与真实的仪表相同。仪表工具栏默认显示在主界面的右侧。每一个按钮代表一种仪表。单击仪表按钮可以给电路添加所需仪表。双击放置好的仪表可以对仪表进行设置。设置好仪表之后，方可对电路进行测试。数字电子技术常用的仿真仪表有字信号发生器、逻辑分析仪、逻辑转换仪。

字信号发生器相当于一个可编程逻辑信号发生器，如图 C－3 所示。通过事先编排产生 32 位的逻辑信号，在一定条件下并行输出。

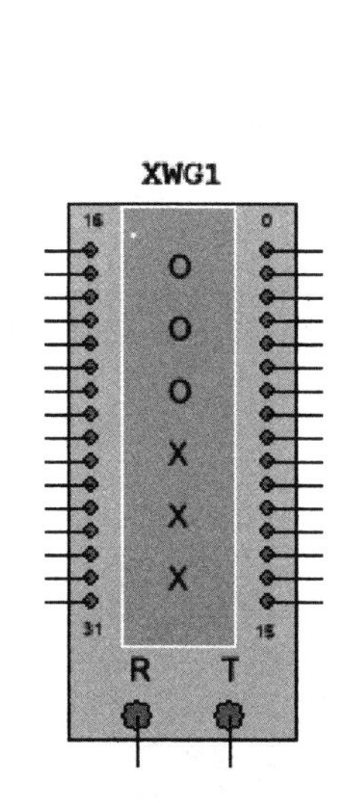

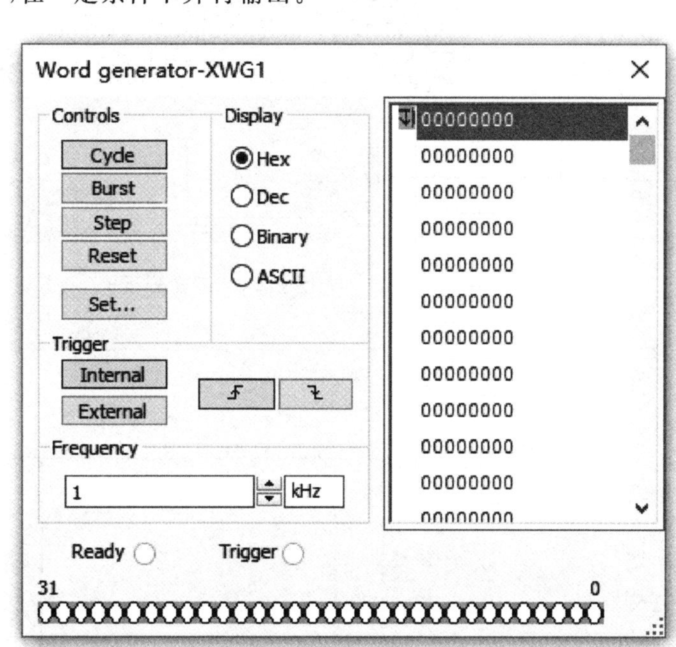

图 C－3　字信号发生器

逻辑分析仪有 16 路数字信号输入端，用于分析多路数字信号的时序关系，如图 C－4 所示。

逻辑转换仪的功能是实现逻辑电路、真值表和逻辑表达式之间的转换。电路变量允许 8 个输入和 1 个输出，如图 C－5 所示。

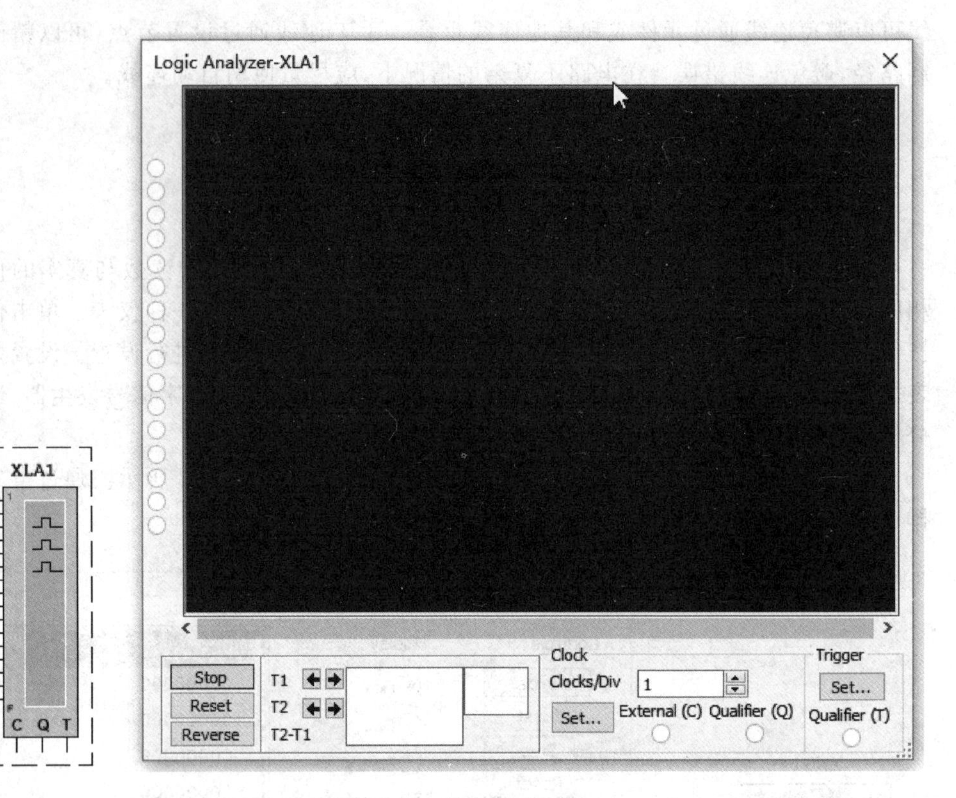

图 C-4 逻辑分析仪

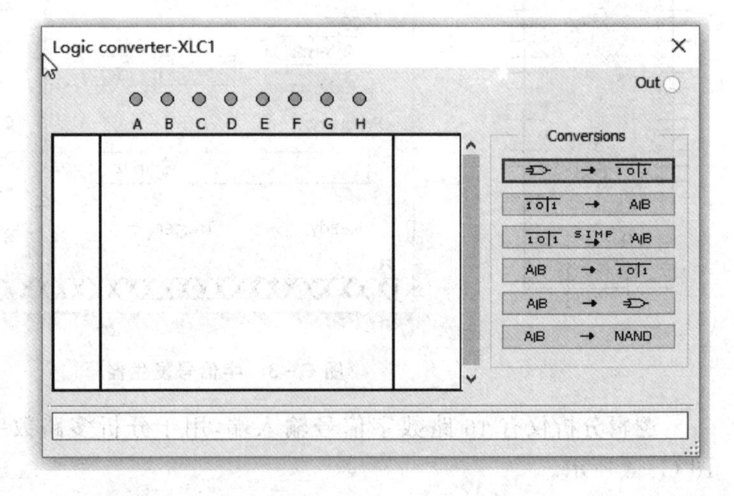

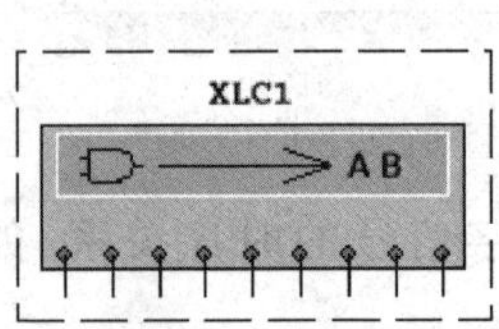

图 C-5 逻辑转换仪

五、电路仿真与测试

连接并设置好电路之后，单击工具栏中的 Run 按钮或按键 F5 开始运行电路，双击仪表观察仿真结果，仿真过程中需要暂停可单击 Pause 按钮或者按键 F6，点击工具栏中的 Stop 按钮可以终止仿真。

六、分析电路

Multisim 提供了 18 种基本仿真分析方法。单击工具栏中的 Interactive 按钮或者菜单 Simulate—Interactive Simulation，在弹出的窗口中选择需要分析的类别。在分析时，单击窗口下侧的运行(Run)按钮运行电路，开始分析。仿真分析窗口如图 C-6 所示。

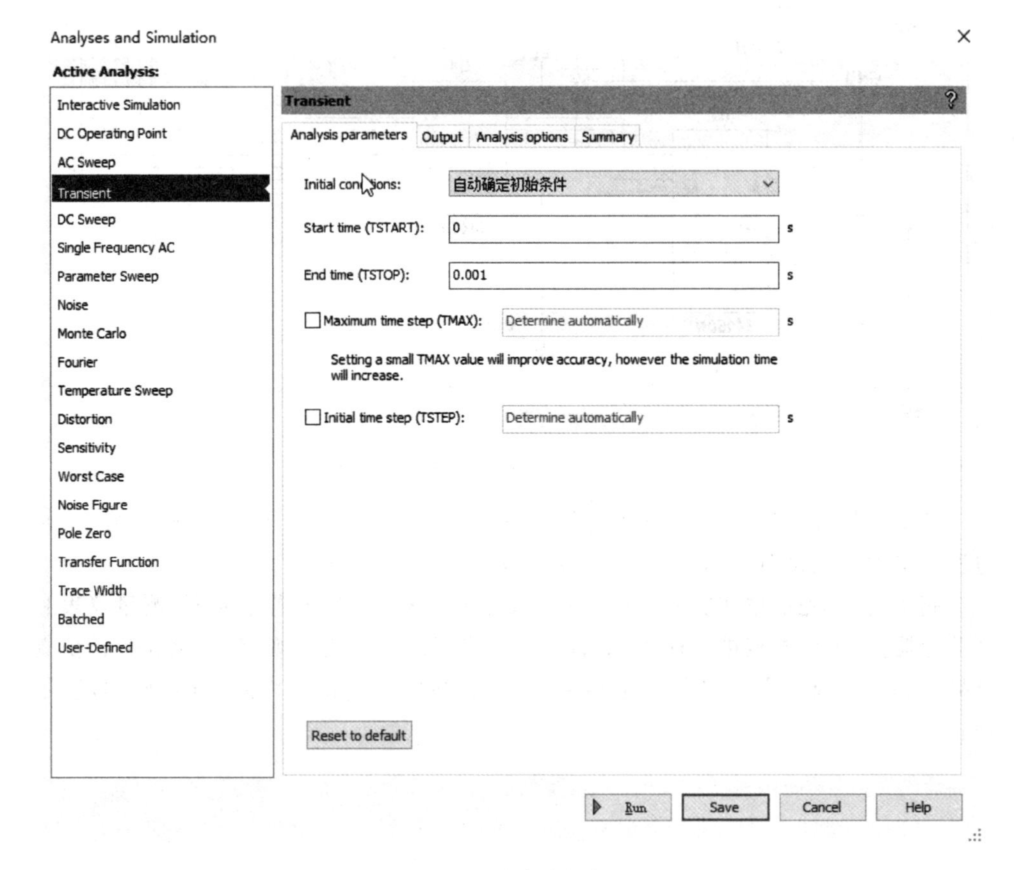

图 C-6　仿真分析窗口

在参数(Paremeters)选项卡中可以设置分析参数，在输出(Output)选项卡中可以选择并编辑用于分析的变量。

七、仿真实例

六十进制计数器仿真电路如图 C－7 所示。

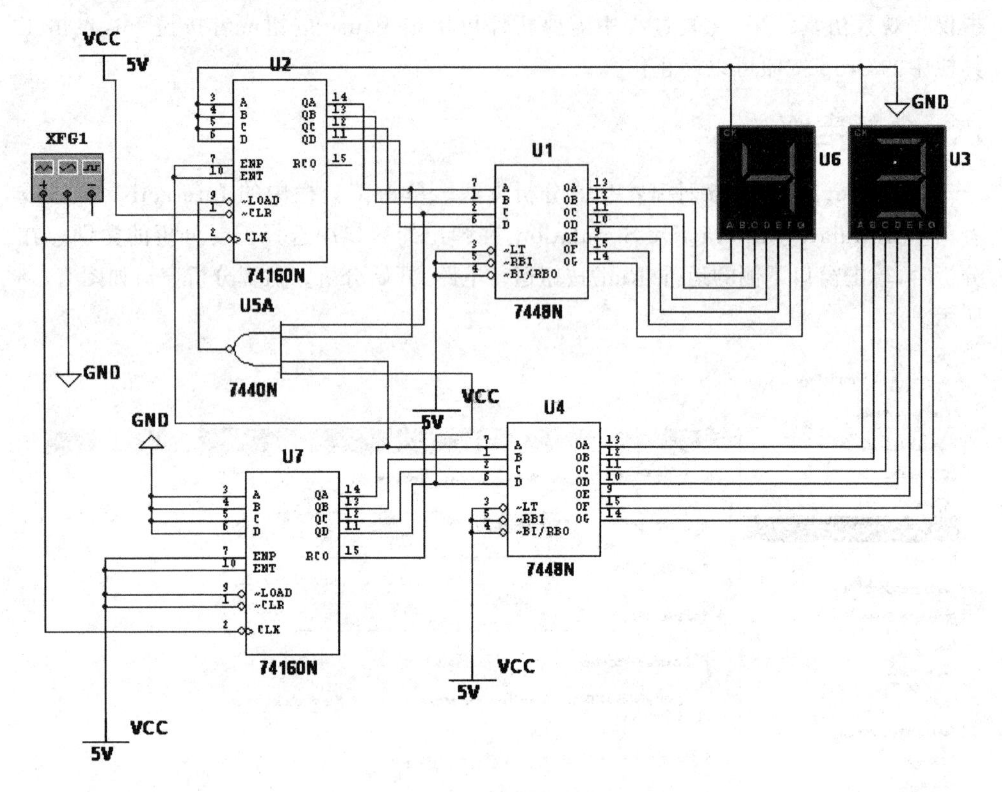

图 C－7　六十进制计数器仿真电路

图中包括计数器 74160、显示译码器 7448、4 输入与非门、数码管、信号发生器、电源和接地。电路布局相对紧凑，连线不够整齐，仅供参考。

制图时，应先根据实验原理选取并放置主要元件，然后放置信号源、测量仪表和开关等器件，再按规范进行连线，最后按操作步骤运行电路并观察、测量和分析仿真结果。如果发现仿真结果与理论结果不一致，则应认真检查电路，分析原因，进行修正。

附录 D

EDA 技术实验箱简介

ZY11EDA13BE 型 EDA 技术实验箱是众友科技公司开发的 EDA 实验系统。实验箱采用 Altera 公司 ACEX 系列 3 万门的 FPGA 器件 EP1K30QC208-2 为核心处理芯片。配置模块由核心芯片下载接口和配置芯片 EPC2 下载接口两部分组成，主要完成对核心芯片下载或配置芯片 EPC2 的下载功能。

开关按键模块包含拨位开关 KD1～KD16，按键 K1～K16 以及开关按键指示灯 KL1～KL16。

LED 显示模块是常用的数字系统输出模块，即通过 LED 的亮与灭观察输出电平的高与低。

数码管显示模块是常用的数字系统输出模块，该模块选择共阴极数码管。8 个数码管 SM1～SM8 的对应段码接在一起，即 SM1～SM8 的 A 段接在一起，以此类推。SM1～SM8 的片选接 3 线-8 线译码器的输出端。因此，本模块共需要控制信号 3 个，作为 3 线-8 线译码器输入，数据信号 8 个，作为数码管段码输入。

A/D、D/A 转换模块包含 1 个 8 位高速 A/D 转换器件 TLC5510，一个 8 位高速 D/A 转换器件 TLC7524。插孔 ADIN 是 A/D 的输入，A/D 的输出接核心芯片 I/O12～I/O14。插孔 DAOUT 和 GND 是 D/A 的输出，D/A 的输入接核心芯片 I/O27～I/O20。

EDA 实验箱通过外分频电路将 100 MHz 晶振分频为 24 种常用频率(1～100 MHz)作为核心芯片 EP1K30 全局时钟 GCLK1、GCLK2、GCLK3 的输入。核心芯片的时钟分布情况如表 D-1 所列，以后各实验用到时钟源时，可按需要输入相应的频率信号。

表 D-1　核心芯片的时钟分布情况表

时钟信号名	核心芯片 EP1K30QC208-2	
	引脚号	引脚名
GCK1(可调)	79	Global CLK
GCK2(可调)	183	Global CLK
GCK3(可调)	80	Ded. Input
32 768 Hz(固定)	78	Ded. Input
4.194 304 MHz(固定)	182	Ded. Input
100 MHz(固定)	184	Ded. Input

EDA 实验箱主板资源连接引脚分布如表 D-2 所列。

表 D-2 EDA 实验箱主板资源连接引脚分布

板系统信号命名	器件名称	器件信号	兼容器件名	兼容器件信号	核心芯片 EP1K30QC208-2 引脚号
I/O0	74LS138 1块 (NU1)	A	液晶 1块 (NU2)	D7	7
I/O1		B		D6	8
I/O2		C		D5	9
I/O3	数码管 8个 SM1～SM8	a		D4	10
I/O4		b		D3	11
I/O5		c		D2	12
I/O6		d		D1	13
I/O7		e		D0	14
I/O8		f		A0	15
I/O9		g		$\overline{CS}_2$	16
I/O10		h		$\overline{CS}_1$	17
I/O11			A/D TLC5510 1块 (JU1)	CLK	18
I/O12	发光二极管 16个 (LED1～LED16)	LED1		D1	19
I/O13		LED2		D2	24
I/O14		LED3		D3	25
I/O15		LED4		D4	26
I/O16		LED5		D5	27
I/O17		LED6		D6	28
I/O18		LED7		D7	29
I/O19		LED8		D8	30
I/O20		LED9	D/A TLC7524 1块 (JU2)	DB0	31
I/O21		LED10		DB1	36
I/O22		LED11		DB2	37
I/O23		LED12		DB3	38
I/O24		LED13		DB4	39
I/O25		LED14		DB5	40
I/O26		LED15		DB6	41
I/O27		LED16		DB7	44

续表 D-2

板系统信号命名	器件名称	器件信号	兼容器件名	兼容器件信号	核心芯片EP1K30QC208-2引脚号
I/O28	拨位开关16个(KD1~KD16)微动开关16个(K1~K16)开关指示灯16个(KL1~KL16)	KD1/K1/KL1			45
I/O29		KD2/K2/KL2			46
I/O30		KD3/K3/KL3			47
I/O31		KD4/K4/KL4			53
I/O32		KD5/K5/KL5			54
I/O33		KD6/K6/KL6			55
I/O34		KD7/K7/KL7			56
I/O35		KD8/K8/KL8			57
I/O36		KD9/K9/KL9	4×4小键盘16个(K17~K32)	—V1—	58
I/O37		KD10/K10/KL10		—V2—	60
I/O38		KD11/K11/KL11		—V3—	61
I/O39		KD12/K12/KL12		—V4—	62
I/O40		KD13/K13/KL13		—H1—	63
I/O41		KD14/K14/KL14		—H2—	64
I/O42		KD15/K15/KL15		—H3—	65
I/O43		KD16/K16/KL16		—H4—	67
I/O44	喇叭1个	SPK			68

参考文献

[1] 谢自美. 电子线路设计·实验·测试. 3 版. 武汉:华中科技大学出版社,2006.
[2] 黄智伟. 全国大学生电子设计竞赛训练教程. 北京:电子工业出版社,2006.
[3] 高吉祥. 电子技术基础实验与课程设计. 2 版. 北京:电子工业出版社,2004.
[4] 阎石. 数字电子技术基础. 5 版. 北京:高等教育出版社,2006.
[5] 孙志雄,谢海霞,杨伟,等. EDA 技术及应用. 北京:机械工业出版社,2013.